总主编 伍 江 副总主编 雷星晖

孙秉珍 马卫民 著

应急管理中不确定决策的双论域粗糙集理论与方法研究

Research on the Theory and Methodology over Two Universes for Uncertainty Decision-making in Emergency Management

内 容 提 要

本书以突发事件中具体的不确定性决策问题为基础研究对象，以双论域粗糙集理论与方法为主要理论工具，从理论分析和实际应用模型两个主要方面展开探讨。本书将双论域粗糙集理论应用于突发事件应急决策问题，具有一定创新性。

本书可供高等院校经济管理专业师生、政府有关决策部门等阅读参考。

图书在版编目(CIP)数据

应急管理中不确定决策的双论域粗糙集理论与方法研究/孙秉珍，马卫民著. —上海：同济大学出版社，2017.8

(同济博士论丛/伍江总主编)

ISBN 978-7-5608-6957-5

Ⅰ.①应… Ⅱ.①孙…②马… Ⅲ.①集论—应用—应急对策—研究 Ⅳ.①X92②O144

中国版本图书馆 CIP 数据核字(2017)第 093369 号

应急管理中不确定决策的双论域粗糙集理论与方法研究

马卫民 审 孙秉珍 著

出 品 人 华春荣 责任编辑 陆义群 蒋卓文

责任校对 徐逢乔 封面设计 陈益平

出版发行 同济大学出版社 www.tongjipress.com.cn

(地址：上海市四平路 1239 号 邮编：200092 电话：021-65985622)

经 销 全国各地新华书店

排版制作 南京展望文化发展有限公司

印 刷 浙江广育爱多印务有限公司

开 本 787 mm×1092 mm 1/16

印 张 10.75

字 数 215 000

版 次 2017 年 8 月第 1 版 2017 年 8 月第 1 次印刷

书 号 ISBN 978-7-5608-6957-5

定 价 53.00 元

“同济博士论丛”编写领导小组

组　　长: 杨贤金　钟志华

副 组 长: 伍　江　江　波

成　　员: 方守恩　蔡达峰　马锦明　姜富明　吴志强
徐建平　吕培明　顾祥林　雷星晖

办公室成员: 李　兰　华春荣　段存广　姚建中

“同济博士论丛”编辑委员会

总 序

在同济大学110周年华诞之际，喜闻“同济博士论丛”将正式出版发行，倍感欣慰。记得在100周年校庆时，我曾以《百年同济，大学对社会的承诺》为题作了演讲，如今看到付梓的“同济博士论丛”，我想这就是大学对社会承诺的一种体现。这110部学术著作不仅包含了同济大学近10年100多位优秀博士研究生的学术科研成果，也展现了同济大学围绕国家战略开展学科建设、发展自我特色，向建设世界一流大学的目标迈出的坚实步伐。

坐落于东海之滨的同济大学，历经110年历史风云，承古续今、汇聚东西，秉持“与祖国同行、以科教济世”的理念，发扬自强不息、追求卓越的精神，在复兴中华的征程中同舟共济、砥砺前行，谱写了一幅幅辉煌壮美的篇章。创校至今，同济大学培养了数十万工作在祖国各条战线上的人才，包括人们常提到的贝时璋、李国豪、裘法祖、吴孟超等一批著名教授。正是这些专家学者培养了一代又一代的博士研究生，薪火相传，将同济大学的科学研究和学科建设一步步推向高峰。

大学有其社会责任，她的社会责任就是融入国家的创新体系之中，成为国家创新战略的实践者。党的十八大以来，以习近平同志为核心的党中央高度重视科技创新，对实施创新驱动发展战略作出一系列重大决策部署。党的十八届五中全会把创新发展作为五大发展理念之首，强调创新是引领发展的第一动力，要求充分发挥科技创新在全面创新中的引领作用。要把创新驱动发展作为国家的优先战略，以科技创新为核心带动全面创新，以体制机制改革激发创新活力，以高效率的创新体系支撑高水平的创新型国家建设。作为人才培养和科技创新的重要平台，大学是国家创新体系的重要组成部分。同济大学理当围绕国家战略目标的实现，作出更大的贡献。

大学的根本任务是培养人才，同济大学走出了一条特色鲜明的道路。无论是本科教育、研究生教育，还是这些年摸索总结出的导师制、人才培养特区，"卓越人才培养"的做法取得了很好的成绩。聚焦创新驱动转型发展战略，同济大学推进科研管理体系改革和重大科研基地平台建设。以贯穿人才培养全过程的一流创新创业教育助力创新驱动发展战略，实现创新创业教育的全覆盖，培养具有一流创新力、组织力和行动力的卓越人才。"同济博士论丛"的出版不仅是对同济大学人才培养成果的集中展示，更将进一步推动同济大学围绕国家战略开展学科建设、发展自我特色、明确大学定位、培养创新人才。

面对新形势、新任务、新挑战，我们必须增强忧患意识，扎根中国大地，朝着建设世界一流大学的目标，深化改革，勠力前行！

万 钢

2017 年 5 月

论丛前言

承古续今，汇聚东西，百年同济秉持“与祖国同行、以科教济世”的理念，注重人才培养、科学研究、社会服务、文化传承创新和国际合作交流，自强不息，追求卓越。特别是近 20 年来，同济大学坚持把论文写在祖国的大地上，各学科都培养了一大批博士优秀人才，发表了数以千计的学术研究论文。这些论文不但反映了同济大学培养人才能力和学术研究的水平，而且也促进了学科的发展和国家的建设。多年来，我一直希望能有机会将我们同济大学的优秀博士论文集中整理，分类出版，让更多的读者获得分享。值此同济大学 110 周年校庆之际，在学校的支持下，“同济博士论丛”得以顺利出版。

“同济博士论丛”的出版组织工作启动于 2016 年 9 月，计划在同济大学 110 周年校庆之际出版 110 部同济大学的优秀博士论文。我们在数千篇博士论文中，聚焦于 2005—2016 年十多年间的优秀博士学位论文 430 余篇，经各院系征询，导师和博士积极响应并同意，遴选出近 170 篇，涵盖了同济的大部分学科：土木工程、城乡规划学（含建筑、风景园林）、海洋科学、交通运输工程、车辆工程、环境科学与工程、数学、材料工程、测绘科学与工程、机械工程、计算机科学与技术、医学、工程管理、哲学等。作为“同济博士论丛”出版工程的开端，在校庆之际首批集中出版 110 余部，其余也将陆续出版。

博士学位论文是反映博士研究生培养质量的重要方面。同济大学一直将立德树人作为根本任务，把培养高素质人才摆在首位，认真探索全面提高博士研究生质量的有效途径和机制。因此，“同济博士论丛”的出版集中展示同济大学博士研究生培养与科研成果,体现对同济大学学术文化的传承。

"同济博士论丛"作为重要的科研文献资源,系统、全面、具体地反映了同济大学各学科专业前沿领域的科研成果和发展状况。它的出版是扩大传播同济科研成果和学术影响力的重要途径。博士论文的研究对象中不少是"国家自然科学基金"等科研基金资助的项目,具有明确的创新性和学术性,具有极高的学术价值,对我国的经济、文化、社会发展具有一定的理论和实践指导意义。

"同济博士论丛"的出版,将会调动同济广大科研人员的积极性,促进多学科学术交流、加速人才的发掘和人才的成长,有助于提高同济在国内外的竞争力,为实现同济大学扎根中国大地,建设世界一流大学的目标愿景做好基础性工作。

虽然同济已经发展成为一所特色鲜明、具有国际影响力的综合性、研究型大学,但与世界一流大学之间仍然存在着一定差距。"同济博士论丛"所反映的学术水平需要不断提高,同时在很短的时间内编辑出版110余部著作,必然存在一些不足之处,恳请广大学者,特别是有关专家提出批评,为提高同济人才培养质量和同济的学科建设提供宝贵意见。

最后感谢研究生院、出版社以及各院系的协作与支持。希望"同济博士论丛"能持续出版,并借助新媒体以电子书、知识库等多种方式呈现,以期成为展现同济学术成果、服务社会的一个可持续的出版品牌。为继续扎根中国大地,培育卓越英才,建设世界一流大学服务。

伍 江

2017年5月

前 言

应急管理是近年来频发的突发事件催生的一个崭新学术研究领域，应急决策作为应急管理研究中的核心问题已初步形成了多学科交叉、多种决策理论与方法融合的基本研究框架和模式。本书围绕突发事件应急决策中的基本问题，充分考虑突发事件应急决策的信息不精确、不完备、决策对象特征难以定量刻画等特征，在系统研究双论域粗糙集理论的基础上建立了几类应急决策问题的不确定性决策模型与方法。本书综述了突发事件应急决策问题的特征以及与传统决策问题的区别，分析了传统决策理论运用于应急决策问题所面临的困难与不足，指出把粗糙集理论应用于应急决策问题的可行性及其优势。回顾了突发事件应急决策问题和双论域粗糙集理论的起源与发展并分析对比了国内外研究现状；介绍了本书所使用的基本概念和方法。在此基础上开展了如下几个方面的研究。

1. 基于模糊相容关系的双论域模糊粗糙集及其应急决策模型

针对突发事件发生后第一时间内获取的不精确、不完备信息，决策者如何迅速地做出尽可能科学的实时应急决策这一问题，建立了基于模糊相容关系双论域模糊粗糙集的应急决策模型。从理论上系统地研究了基于模糊相容关系的双论域模糊粗糙集理论。与经典单个论域上的粗糙集理论类似，首先，研究了基于模糊相容关系的双论域粗糙模糊集，讨论了其数学性质及与其他双论域粗糙集的关系；同时在双论域框架下给出了其两种推广的形式：双论域程度粗糙模糊集和双论域变精度粗糙模糊集。其次，考虑到现实管理问题中存在模糊决策对象的情形，定义了基于模糊相容关系的双论域模糊粗糙集，并详细讨论了其数学性质。研究表明：基于模糊相容关系的双论域模糊粗糙集包含了双论域粗糙模糊集及其他各种推广的粗糙模糊集。在此基础上，通过定义突发事件集与突发事件影响因素一般性特征集之间的二元模糊关系，建立了基于相容关系双论域模糊粗糙集的实时应急决策模型；给出了其决策步骤和算法。同时利用一个突发事件实时决策的数值算例阐明了模型的应用过程。

2. 应急物资需求预测的双论域模糊粗糙集方法

对于事先并不清楚特定突发事件应急救援物资的需求数量及需求结构的应急物资需求预测问题，建立了基于双论域模糊粗糙集的应急物资需求预测模型。这一模型建立的思想基础是已有关于应急物资需求预测研究的共同假设：拥有相似特征的突发事件具有相似的物资需求数量。依据不精确的决策信息把新发生突发事件用同类突发事件一般性特征集合上的模糊集表示，给出其在双论域模糊近似空间中的粗糙近似，结合经典运筹学中非确定型决策中的风险决策思想和模糊数学中的最大隶属度原理给出其最优决策。这一方法有效地避免了传统预测方法要求大样本数据且同分布，或者由于不同贴近度公式定义所产生预测结果的不一致性问题。

3. 双论域直觉模糊粗糙集及应急物资调度决策

系统地研究了双论域上的直觉模糊粗糙集理论并给出了一种基于

双论域直觉模糊粗糙集的不确定决策方法。通过构造性的方法给出了双论域模糊近似空间中直觉模糊集的粗糙近似定义，研究了其数学性质并给出了一种退化的特殊情形：双论域粗糙直觉模糊集，构建了双论域直觉模糊粗糙集的基本理论框架。同时，以现实管理决策中医疗诊断决策为背景给出了一种基于双论域直觉模糊粗糙集的不确定性决策方法。在双论域的框架下给出了突发事件应急物资调度决策问题基本特征的定量描述，进而给出了基于双论域直觉模糊粗糙集的应急物资调度决策方法，通过数值算例说明了其决策过程并验证了相关结论。

4. 双论域概率粗糙集及最优应急预案选择决策

为了使得经典双论域粗糙集模型具有更好的容错和泛化能力，在双论域近似空间引入概率测度进而定义了双论域上的概率粗糙集。讨论了双论域概率粗糙集的参数连续性问题；并把香农(Shannon)信息熵引入双论域概率近似空间，提出了基于覆盖的广义香农熵的概念；给出了双论域概率粗糙集不确定性度量的一种新方法。同时，把经典 Bayesian 决策过程引入双论域近似空间，给出了双论域 Bayesian 风险决策过程。利用双论域 Bayesian 风险决策过程给出了双论域概率粗糙集中阈值参数 α, β 的语义解释，并建立了两者之间的关系。研究表明：对任意双论域概率粗糙集，必存在与之对应的一类 Bayesian 风险决策问题。在此基础上，给出了一种具有最小风险损失的最优应急预案选择的双论域概率粗糙集模型与方法。该方法克服了传统决策方法在预案评价阶段由于需要专家打分或者方案的两两比较而产生的不一致性问题。同时，充分发挥了决策者在应急实时决策过程中的主体性作用。最后，给出了模型的算法并通过数值算例验证了相关结论。

5. 软模糊粗糙集及应急预案评价模型与方法

把软集理论与经典粗糙集理论相结合，提出了一种新的数学结构：

软模糊粗糙集。研究了软模糊粗糙集的数学性质及与其他粗糙集模型的联系与区别。建立了基于软模糊粗糙集的应急预案评价模型与方法：充分考虑了应急预案评价的基本特征，在软模糊集框架下给出了应急预案的定量描述，借鉴传统 TOPSIS 方法中正负理想点的原理确定了全体待评估预案的最优目标预案和最差目标预案。利用软模糊粗糙集的定义获得了最优目标预案和最差目标预案关于软模糊近似空间(或软模糊信息系统) $(U, E, \widetilde{F}^{-1})$ 的上、下近似；通过定义软贴近度的概念给出了每个应急预案的得分函数；进而依据得分函数给出全体应急预案的综合排序。最后，给出了模型的算法和模拟数值算例，说明了模型的应用过程。

除了取得上述进展外，本书还指出了双论域粗糙集理论及基于双论域粗糙集的应急决策理论与方法一些值得进一步研究的前沿内容和方向。

本书作者的有关研究得到国家自然科学基金项目(71571090)的资助。在此特向国家自然科学基金委员会表示感谢。

目 录

第1章 绪论

1.1 研究背景

人类文明的发展史，就是人类不断地应对挑战、战胜各种危机的历史[1]。进入21世纪以来，伴随着经济全球化快速推进，政治经济不平衡发展，自然环境不断恶化，全球气候变化日益加剧等多种因素的联合作用，各类非常规突发事件如恐怖袭击、地区冲突和战争、金融危机、能源资源问题、极端气候天气、粮食安全问题、公共卫生事件和重大自然灾害等从“非常态化的偶发”发展到频繁发生，给当今人类社会带来了巨大的冲击和日益严重的威胁[1]。一方面，频发的突发事件致使人们的生活充满了不确定性；另一方面，现代社会中科学技术的发展又为本已充满不确定性因素的社会生活注入了更多的变量和参数，也就是说科学技术的高度发展而引起的现代性对人类社会现有状况的每一个领域、哪怕是很小的领域都带来了极大的不确定性因素。系统论的观点认为，整个世界就是一个彼此依存、相互作用、相互联系的有机体，因此世界任何一个地区的突发事件都有可能超越民族和国界，形成危及全人类的公共突发事件。在全球化的大背景下，社会的依存度日渐增加，进而加剧了突发事件的迅速蔓延和扩张。诸多不同种类、不同性质的突发事件的频繁发生表明人类社会已经日渐步入突发事件频发的高风险社会时代。

经过30余年的市场经济改革，中国取得了举世瞩目的成就。但与此同时，我国也正处于“经济转轨、社会转型”的关键时期。根据世界发展进程的规律，在一个国家和地区的人均GDP处于500美元至3 000美元的时候，经济社会发展将进入一个新的关键阶段，往往对应着人口、资源、环境、效率、公平等社会矛盾最严重的时期[2]。根据国家统计局的公布数据，2003年我国人居GDP为1 090美元，2005年为1 700美元，这一阶段在社会发展序列谱上恰好对应着“非稳定状态”的频发阶段。在这一时期，“经济容易失调、社会容易失序、心理容易失衡、行为容易失范[5]”，各种社会矛盾在这一时期可能会集中爆发，从而进入突发事件的频发期和社会的高风险期。正处于转型加速期的中国社会，各种利益激烈交锋并伴随全球极端气候现象的频繁出现，自然环境恶化，生态承载力日渐脆弱，高新技术的不当开发和利用等客观上进一步加剧了各种突发事件爆发的频率。

因此，如何恰当地应用科学的理论和方法有效地应对和处置各种突发事件、如何通过采取及时准确的应急决策最大限度地预防和减少突发事件引起的负面影响和损失、如何在科学合理的实时应急决策基础上指挥调度各种资源展开有效的应急救援成为应对突发事件的核心所在。

此外，我国是世界上遭受自然灾害危害最严重的少数国家之一，各种自然灾害呈现出种类多、频度高、区域性、季节性强以及灾害损失严重等主要特征。诸如洪涝、干旱、地震、台风、滑坡和泥石流等自然灾害每年所造成的直接、间接和衍生经济损失数额巨大。近50年来，全国每年平均有2.3亿人受灾，重灾年受灾人口达4亿以上。1949年以来我国自然灾害直接经济损失总体处于上升趋势。由自然灾害所导致的各种损失仅次于孟加拉国、印度等，居世界第5位。20世纪50年代自然灾害直接经济损失年均380亿元(按1990年人民币可比价)，20世纪90年代自然灾害直接经济损失大幅度上升，年均达 1 185 亿元，近几年每年都在 2 000 亿元上下，自然灾害已成为制约我国经济和社会发展的重要因素。1950—2000 年每年因灾减少粮食产量 10%～20%，减少农林牧渔产值 15%～50%，各类自然灾害的频繁发生不仅直接减少了农民收入，而且加剧了贫困，破坏了农业生产资源，削弱了农业发展的基础和能力[3,4]。

2008 年 1 月中旬至 2 月初，我国华东、华中、华南、西南等地区遭受了历史罕见的低温雨雪冰冻灾害，大雪从西到东覆盖了中国南方大部分地区。持续低温不但造成城乡居民取暖困难，而且输电线路结冰和冰冻雨雪压垮高压输电铁塔，导致大范围断电事故和南北交通大动脉的公路、铁路运输中断，成千上万的旅客被迫滞留在车站和雨雪交加的道路上，而此时又恰值每年人流最多的春运高峰时期。在受灾最严重的湖南、贵州等地区，大面积停电甚至停水事件接连发生，数以百万计的民众缺乏饮用水和御寒设施，处于饥寒交迫之中。据国务院统计，这次灾害中受灾省份达到 19 个，基本覆盖中国南方地区，受灾人数在 1 亿人以上，直接经济损失在 500 亿元以上[6]。同年 5 月，发生了震惊世界的四川汶川特大地震，重灾区面积达到 10 万平方公里，4 000 多万人受灾，加上对民房和城市居民住房、学校、医院和其他非住宅用房的损失如道路、桥梁、电信等基础设施的破坏及对自然环境的破坏，直接经济损失高达 8 451 亿元。几乎与汶川地震同时，我国西南东部、华南、江南、浙闽沿海先后出现大到暴雨天气过程。持续不断的强降雨，使长江、珠江、湘江、闽江等流域部分干流和支流发生超警戒水位洪水，造成全国农作物受灾面积 2 274 千公顷，成灾 1 100 千公顷，受灾人口 3 800 多万人，倒塌房屋超过 12 万间，直接经济损失 260 亿元[7]。

2010 年 4 月，青海省玉树地区发生 7.1 级强烈地震，地震波及范围涉及青海省玉树藏族自治州玉树、称多、治多、杂多、囊谦、曲麻莱县和四川省甘孜藏族自治州石渠县 7 个县的 27 个乡镇，受灾面积 35 862 平方公里，受灾人口 246 842 人，损失惨重。同年 8 月，甘肃省甘南藏族自治州舟曲县突降强降雨，引发特大山洪泥石流，泥石流致使舟曲县城三分之二区域被水淹没，超过三分之二的区域供电全部中断，通信基站也受损严重，多达4 496户居民受灾，水毁农田 1 417 亩，直接和间接的经济损失超过 4 亿元。

所以，各种非常规突发的自然灾害成为当前我国社会所面临的又一主要风险。这些突发的大规模自然灾害不仅具有一般突发事件的突然性、破坏性、不确定性和多变性等特征，更具有爆发迅速、影响区域大、波及范围广、持续时间久、受灾人数多和经济损失巨大等特点。

尽管不可能完全避免各种突发灾害的发生，但是如何依据科学的理论和方法采取积极的措施以尽可能地预防和避免灾害的发生；如何利用科学的应急决策理论与方法，基于已有的应急预案并结合突发事件的实时情景迅速采取有效的决策措施防止灾害的扩大和发展，尽可能减少灾害造成的各种损失并展开有效的救援工作成为处置重大突发灾害的首要步骤。

不论是社会领域内日益增加的高风险致灾因素，还是客观存在的各种潜在重大自然灾害的威胁，都促使人们分析其中蕴含的警示，深刻思考突发事件应急管理中的重要科学问题。中国工程院范维澄院士将最近 5～10 年内我国应急管理基础研究迫切需要解决的关键科学问题概括为五大板块[8]，其中“复杂条件下应急决策的科学问题”就是 5 个关键科学问题之一。

因此，研究突发事件应急决策的理论和方法，构建突发事件应急实时决策的理论基础，为各级政府、企业和组织的管理者提供科学的实时应急决策模型与方法成为一项具有重要意义的研究内容。

1.2 研究意义

在经历了诸如 911 恐怖袭击、2003 年非典疫情、2004 年印度洋海啸、

2008年南方雪灾、汶川地震、2010年玉树地震、舟曲泥石流、2013年雅安地震、美国波士顿爆炸等许多突发的公共事件和重大自然灾害事件之后，全社会逐渐认识到，要保证在突发事件发生时，能够快速有效地展开救援，将突发事件造成的损失降到最低限度，必须未雨绸缪，居安思危，构建科学的突发事件应急决策理论和方法。同时，频发的突发事件催生了一个崭新的学术研究领域——应急管理。因此，积极探索科学应对突发事件应急决策理论与方法成为应急管理这一崭新学科领域研究的主要内容之一，有着重要的理论意义和现实意义。

（1）理论意义。本书把双论域粗糙集的基本原理和方法应用于突发事件的应急决策问题，针对突发事件应急决策具有不确定的决策环境、不精确、不完备的决策信息和实时动态决策等特点，在双论域粗糙集的基本框架下结合已有完备信息条件下的决策理论与技术的思想方法，尝试对突发事件应急管理中的几类不确定性决策问题进行系统的研究，建立基于双论域粗糙集的不确定应急决策问题的应用模型与方法。其研究结论一方面为突发事件的应急决策提供科学的理论依据和决策参考，完善不确定环境下实时应急决策理论与方法的内容；另一方面，从理论上进一步拓展了已有的双论域粗糙集理论，为双论域粗糙集理论的应用提供新的研究对象和领域。

（2）现实意义。在现实的应急管理实践中，针对特定的突发事件的应急决策问题，多数决策者的现场决策依据主要是依靠决策者个人以往经验的应急性决策或者是直接采用针对类似突发事件的应急预案进行实时应急决策和应急处置。因此，实际中应急决策的效果对决策者个人的能力和水平的依赖度较大。本书的研究尝试在分析突发事件应急决策基本特征的基础上，给出其定量化的描述并建立相应的数学模型与程序化的决策方法。因而，使得实际中的应急决策能够更多地依靠科学的理论和方法，进而减少决策失误的风险。

1.3 突发事件及其决策特征

对于突发事件的界定，由于研究视角的不同，许多学者给出了并不完全一致的描述。

美国学者丹尼尔·雷恩对突发事件的定义是：突发事件就是超越常规的、突然发生的、需要立即处理的事件[16]。荷兰莱登大学危机管理学家乌里尔·罗森塔尔给出如下突发事件的定义：对一个社会系统的基本价值和行为准则架构产生严重威胁，并且在时间压力和不确定性极高的情况下，必须对其做出关键决策的事件[17]。国务院发布的《国家突发公共事件总体应急预案》给出突发事件的定义是：突然发生，造成或者可能造成严重社会危害，需要采取应急处置措施予以应对的自然灾害、事故灾难、公共卫生事件和社会安全事件。结合我国的实际，学者们也给出了突发事件各种大致类似的定义。尽管其定义不完全一致，但都基本蕴含了突发事件的内涵和本质特征。

1.3.1 突发事件的特征

迄今为止，突发事件不仅是政府、企业及各种组织高度关注的话题，与突发事件相关问题的学术研究也成为许多学者研究的主要内容之一。尽管对于突发事件的概念内涵与外延目前还没有较为统一的、标准化的界定，学者们从不同角度给出了大致相似但又不完全相同的各种定义[6,7,15]。但是所有的定义都基本包含了突发事件所共有的基本特征。其主要包括以下几个方面。

(1) 突发性。依据哲学的观点，任何事物的形成都是一个由量变到质变的发生、发展的过程，亦即具有可知性的必然趋势。然而，突发事件在实现从量变到质变的过程中具有不同于一般事物发展规律的特殊性，其特殊性就在于它的突发性。其集中表现为突发事件是否发生，发生的时间、地点，发生的方式、规模以及影响的深度和广度等均无规律可循，难以准确预见。人们事先不能获得任何有关的确定性信息，因此突发事件具有极大的偶然性和随机性。其发生通常都超出社会正常运行秩序和心理惯性，让人们感到突然和紧迫，打乱了既有的规范体系，让受灾者和管理者都始料未及，难以准确把握。

(2) 危害性。危害性是突发事件的本质特征。从某种意义上说，突发事件以人员伤亡、财产损失为标志。不论什么性质和规模的突发事件，都会不同程度地给国家和人民造成政治、经济上的损失或精神上的伤害，都会影响政治局面的稳定，破坏经济建设，危及正常的工作和生活秩序，甚至威胁人类的生存。同时，突发事件的危害性还体现在其对社会心理和个人心理所造成的破坏性冲击，进而渗透到社会生活的各个层面。这种危害性是无法用直接的经济损失准确度量而且很难在较短时间内消除的具有持久性的影响。

(3) 复杂性和弱经济性。突发事件的起因源于诸多方面，包括政治、经济、社会、政策以及纯自然因素等各个方面，甚至许多因素相互交织在一起，进而使得原本不能事先预料的突发事件更加复杂。同时，由于突发事件影响地域广泛、涉及人员较多，常常引起“涟漪反应”和“裂变反应”，因此使可能单个因素的事件很快蔓延，导致很多连锁反应，简单的问题复杂化，进而演变为重大突发事件。此外，由于突发事件往往影响正常社会秩序的运行以及大面积社会群体的正常生产生活等，所以在处置突发事件时优先考虑的是恢复正常的社会秩序和社会群体的生产生活，亦即优先考虑处置突发事件所产生的社会效益而不是经济效益。

(4) 信息的不精确、不完备性。由于突发事件的随机性和偶然性，在突发事件发生的初期，往往受通信网络故障、交通系统中断以及时间紧迫等客观原因，对于突发事件的性质、类型、规模、可能的持续时间及造成的各种损失等都不能准确获得。同时，与突发事件相关的许多信息随着事态的发展而演变，因此决策者获得往往是关于突发事件局部的、片面的、滞后的、不精确的信息。此外，在信息的反馈和传递过程中由于突发事件引起的人们行为慌乱和心理恐惧等主观原因而人为夸大突发事件的危害程度等，导致获取的信息失真。

（5）处置时间的紧急性。由于突发事件突然发生并且影响巨大，直接威胁到受灾区域人员的生命和财产安全。一般而言，受影响区域人员生命和财产的损失程度与外部的应急处置决策时间呈正相关。因此，为最大限度地减少突发事件造成的各种损失，决策者需要在尽可能短的时间内做出应对措施和实时决策。如 2003 年 12 月 23 日发生在重庆开县高桥镇特大井喷事故，由于应急决策不及时，事发后 18 小时才采取点火措施，致使 200 多人中毒死亡，造成了巨大的人员和财产损失。

（6）不确定性。不确定性集中表现在突发事件发生的原因、变化方向、影响因素、后果及持续时间等方面都无规则，事态瞬息万变，难以准确预测和把握。同时，由于人类理性思维的有限性特征使得面对各种信息完全不确定的突发事件更加恐慌和无所适从。因而，不确定环境下准确、理性、有效的实时应急决策更为迫切。

1.3.2 突发事件应急决策的特征

应急管理是当前国内外各种突发事件频发的背景下催生的一个崭新的研究领域，而突发事件应急决策则是应急管理研究中的核心问题之一。

一般而言，广义的应急决策是指从突发事件发生前就开始研究、解决有关的问题，如防御政策和规划的制定，应急设施的配置、预测方法、手段和应急预案的制定等，以及突发事件发生时的决策。狭义的应急决策特指突发事件发生时的决策，即在突发事件刚发生或出现征兆时，在极短的时间内收集处理有关信息、明确问题与目标、拟定可行方案、选择满意方案、组织实施并跟踪检验、纠正决策过程中的失误直至问题彻底解决为止的一个动态过程[11,14]。

突发事件应急决策属于特殊的非常规决策，由于决策责任重大，突发事件及其不确定的未来状态会给决策者带来高度的紧张和压力。为了将损失限制在最低限度内，决策者必须在有限的时间里做出重要决策和反应[12]。另外，由于突发事件发生的时间、规模、形态、影响度往往难以预料，甚至在决策者以往的决策活动中从无先例，依靠预先制定的规则进行重复性的、例行性的程序化决策不能适应突发事件应对的需要，因而应急决策是一种高度的非程序化的决策活动[11]。

因此，突发事件应急决策是指在发生突发事件的情况下，决策群体为了避免危机扩散和减少危机损失，根据特定的主客观条件，在有限的时间内通过各种方法和技术特别是运用决策支持工具收集突发事件信息，依据有关知识、经验和方法对突发事件进行分析、判断，然后指定应急方案，实施方案。

突发事件应急决策的主要特征可以归纳为以下几个方面[11,12,13]。

(1) 决策信息的不完备性

信息是决策的宝贵资源，任何决策都离不开信息，信息的可靠性与及时性会直接影响到决策的正确与否。突发事件应急决策对信息的依赖程度要远远高于一般的常规决策，但由于信息收集工具受损、通信渠道受阻、收集方法失效、矛盾信息扩散等原因，突发事件应急决策信息收集往往存在局限性，主要体现在以下 4 个方面。

① 信息缺失。由于时间紧迫，决策者很难在有限的时间里获取足够的、充分的决策支持信息。

② 信息失真。突发事件发生后，很多信息随着事态的发展而发生变化，在信息反馈和处理过程中，客观上由于突发事件的影响可能使信息的

收集和传输设备受损造成信息损失，主观上由于突发事件的影响使得诸如谣言等被夸大甚至是虚假的信息迅速传播。所以，信息极易失真。

③ 信息复杂。突发事件的产生往往出乎人们预料，而且相关的因素极为复杂多样，决策者在制订决策方案时需要综合考虑各方面的因素。

④ 信息滞后。突发事件应急决策机构往往不在事发现场，造成应急决策所依赖的突发事件相关信息需要经历“采集—传递—到达决策者”的一系列中介运作，决策者对信息的掌握和控制有一定的滞后性。

(2) 决策环境的不确定性和复杂多变性

任何决策的产生都不是与世隔绝的、纯粹的个人行为，从决策目标的确定到实现决策目标的全过程都与其所处的环境紧密联系在一起。决策的成功或者失败与决策者对环境的把握有很大的关系。危机事态时刻都可能发生剧烈的变化，这导致突发事件应急决策具有极大的不确定性和风险性。突发事件的复杂多变性和不确定性往往会给决策者造成高度的心理压力，这种压力又会在很大程度上影响突发事件应急决策的效果。

(3) 决策时间的紧迫性和决策效果的高风险性

突发事件具有很强的破坏性，较短的时间内会波及社会领域的各个方面。因此，应急决策需要在最短的时间内把事态的影响控制在尽可能小的范围内，最大可能地减少损失程度。在突发事件中，一方面由于事态发展的突然性、复杂性、巨变性，决策者在高强度的压力下通常难以做出精确的判断与选择；另一方面，实施决策方案后获取决策后果的反馈信息也很困难。因此，决策实施效果很难预料，并且要承担决策失误带来的巨大风险。所以，决策的风险性很高。

通过上面的分析易知，由于突发事件具有信息不完备性、发生原因复杂性、处置时间的紧迫性等特点。因此，突发事件应急决策本质上是一类具有不完备、不精确性信息的不确定决策问题。

1.3.3 基于传统决策理论的应急决策方法局限性分析

正如前面的分析，突发事件应急决策与传统决策问题具有本质的区别。基于经典数学理论如概率论和数理统计、数学规划(线性规划和非线性规划)、博弈论及其他运筹学方法为基础的决策理论与方法在处理突发事件应急决策问题时将面临诸多困难和不足。其主要表现在以下几个方面。

(1) 决策问题特征的定量刻画。应急决策的最主要特征是信息的缺失和决策信息的不精确性，即关于决策问题特征的描述是模棱两可的模糊性语言描述。因此，很难实现用精确的数学变量刻画和描述应急决策的核心要素。

(2) 决策函数的构造。基于经典数学理论的决策方法主要是通过定义关于决策问题的决策变量，构建决策目标关于决策变量之间的函数关系建立数学模型，进而通过优化决策目标获得最优决策。然而，由于突发事件发生的突发性、发展变化的复杂性和不确定性，决策目标的弱经济性等使得很难确定应急决策的变量，进而不容易构造决策的目标函数。

(3) 决策模型的鲁棒性。经典的决策模型主要依赖于决策变量和决策目标之间严格的函数关系及关于决策变量的约束条件而获得最优决策方案。突发事件具有不断发展变化的动态特性，随着突发事件的不断演进，原有的决策变量取值范围也可能随之发生较大的变化，因而很难用统一的数学模型处理同一个突发事件不同阶段的决策问题。

因此，迫切需要研究能够处理不完备、不精确决策信息的不确定实时应急决策理论与方法。粗糙集作为一种处理不确定性的数学理论为研究不充分信息的决策问题提供了有力的方法和工具。特别是，利用双论域粗糙集能够比较准确的刻画和描述不确定环境下应急决策问题的基本特征和决策要素。因此，本书把粗糙集理论在处理不确定信息决策问题方面的独特优势应用于突发事件的应急决策问题，尝试给出突发事件应急决策问题一种新的处理方法和研究视角。

1.4 国内外研究现状

1.4.1 决策理论研究现状

决策是人类在生产生活中所面对的最基本的问题之一。决策最基本的概念内涵是指人们从若干备选方案中选择一个满意的、符合行为主体的某一行动方案的过程。决策行为普遍存在于人们生活的每一个层面。1978年诺贝尔经济学奖得主西蒙(H. A. Simon)指出："决策是管理的核心。管理就是决策，管理的各个层次，无论是高层，还是中层或下层，都要进行决策[9]。"决策正确与否对于一个国家、企业及个人的发展等息息相关。决策的科学性与准确性是获得决策成功的基本要件。

截至目前，决策理论大致可以分为3个阶段：① 以理性"经济人"假设为基本特征的古典决策理论，古典决策理论又称为规范决策理论。古典决策理论强调必须全面掌握有关决策环境的信息情报；充分了解有关被选方案的情况，建立一个合理的、有序的执行体系，以组织获取最大经济利益为决策的目的。事实上，古典决策理论忽视了实际决策中的非经济因素的巨大影响作用。所以，其对现实决策活动的指导具有明显的局限性。② 以阿莱斯悖论和爱德华兹悖论为标志的行为决策理论，其是在对古典决策理论难以解决的问题寻求最优解决方案的基础上产生和发展起来的。行为决策理论认为作为行为主体的人的理性是介于完全理性和非完全理性之间，亦即人是有限理性的。决策者在识别问题和发现问题时容易受直觉上偏差的影响，与对人的有限理性界定一样，该理论认为作为行为主体的人的行为也是有限理性的。对于决策结果而言，与经济利益的考虑相比决策者尽可能地规避风险，往往只要求满意的结果而非最佳方案。③ 以经典数学理论为基础的现代决策理论，现代决策理论的主要特点在于以概率论和数理统计为基础，以统计判断定理和高等数学为基本工具，广泛地收集决策对象的相关信息，充分考虑行为主体的内在心理偏好因素以及决策对象所处的外在客观环境的制约因素，进而指导决策者综合考虑各方面的影响因素并与经济效益一起来做定量与定性的分析；以电子计算机为辅助手段研究决策问题的一般性规律、模型和方法，并给出整体的满意解或最优解。

经过长时间的积累和不断发展及经济学家、数学家和系统科学家的不懈努力，决策理论与方法已经广泛地应用于商业、经济、法律、医学、政治等各个方面；而行为科学家对描述性决策和效用的度量等问题的研究，使得排序、评价的信度理论与技术也得到迅速发展。同时，第二次世界大战后发展起来的运筹学在决策理论的概念、方案的优化、统计决策理论、决策方法中有着坚实的基础，也使得决策理论成为运筹学中的重要方向[10]。

决策需要信息，信息是进行决策的基础，如何有效地处理和利用已有的信息作正确的决策是所有决策理论与方法研究的核心问题。然而，对于现实的管理决策所面对的问题而言，由于内外扰动的存在和认识水平的局限以及实际问题本身的复杂性，人们所得到的往往是关于决策对象的局部的、不完整的甚至是带有某种不确定性的信息。以经典的精确数学理论为基本分析工具的现代决策理论与方法是利用已有的信息建立某种关于决策因素的确定性函数或者关系模型来进行决策。

在以信息作为基本特征的当今时代，决策者面对不完备、不精确、模糊性的甚至含有噪声的不确定性数据信息，试图通过建立函数或者经典严密的数学模型来进行决策显然是不可能的，也难以满足生产实际的要求。同样，迄今为止，对于许多有重大实际意义的决策问题，仍然缺少非常有效的分析方法和决策理论。因此，基于新浮现和迅速发展起来的崭新数学理论，如概率论、信息论、模糊数学、粗糙集理论等提出的诸如模糊决策、序贯决策、群决策、粗糙决策、Bayesian 风险决策等不确定决策理论与方法成为目前决策理论研究的热点方向之一。

1.4.2 突发事件应急决策研究现状

应急决策是突发事件应急管理中的核心问题之一，是有效控制危机局面和事态蔓延及减少突发事件造成损失的唯一途径。因此，科学的应急决策理论与方法是政府、企业以及各种组织的应急管理体系中必备的重要内容。然而，由于突发事件应急决策问题是一个非结构化或半结构化问题，因此传统的决策理论和方法难以适应其新的特点[30]。目前，对突发事件应急决策的研究主要集中在应急决策理论和应急决策方法两个方面。

(1) 突发事件应急决策理论研究

总体而言，国内外在应急决策理论研究方面的研究相对都较少，关于突发事件的应急决策理论的研究尚不成熟、不系统。在国外关于应急决策理论的研究中，Sherall 与 Subramanian[28] 和 Barbarosoglu 与 Arda[29] 等研究了成本约束下的交通事故紧急响应决策模型及总体规划决策问题。Akellam 以及 Adenso-diaz 等研究了满足一些应急覆盖需求的通信网络基站选址与频道分配决策问题[20,21]。Cosgrave 在描述了突发事件决策和决策问题的特性基础上，运用弗鲁姆和耶顿的领导规范模型构建了突发事件决策的理论模型，建议决策者必须依据决策问题的特性，采用不同的授权程度对事件进行决策[22]。Kelian 把军事战斗的经验决策模型引入突发事件决策之中，允许下属在充分理解任务和目标的情况下，根据先前经验对当前环境进行评估，依据经验找出类似经验做法，利用已有的经验，对决策行动过程进行修订[23]。Jenkins 建立了如何选取特定应急场景使预案最具代表性的整数规划模型[24]。Mendonca 等[37] 认为应急决策本质上是一个线性规划问题，进而 Mak[38] 提出了基于规划和规则的应急决策理论。同时，应用“基于模版规划方法[25]”的应急决策方法，DanaNau 等利用层次任务网(Hierarchical Task Network, HTN)分解任务,并将特定问题领域的标准化操作步骤(模板)用于规划器,HTN 及其规划器已用于疏散规划、恐怖威胁评估等领域[26]。Mulvehill[27]则利用模板来对工作流进行定义和描述,开发了相关系统用于危机行动任务规划领域。Hoogendoom 等从应急阶段辨识、应急组织结构分析和建模、任务与职责分析以及应急组织动态变化建模等方面,利用形式化描述语言来描述应急预案,利用逻辑工具来对应急预案分析和比较并给出最优应急决策[31]。Kozin[32]与 Gadomski[33]认为应急决策过程是根据应急态势发展、演化的不同阶段,进行多阶段不确定性决策并生成应急处置方案的动态过程,因而属于一类随机序贯决策问题。因此,Kozin 将马尔科夫决策理论应用于地震灾后城市生命线等基础设施恢复重建的处置措施规划,获得了地震应急救援资源配置的最优策略。Gadomski 将马尔科夫决策理论与基于案例推理的方法相结合并应用于应急行动的规划,构建了用于工业、恐怖应急管理的智能决策支持系统。Tufekci 和 Wallace[36]把经典多目标规划应用于突发事件应急决策,提出了多目标动态应急决策的思想。考虑到突发事件发生之后的应急救援需要多个相关部门的参与并综合多方面相关领域专家的意见进行优化而实现最终决策这一特点,Werner 等[39]与 Rosmuller[40]提出了模糊群体决策理论并应用于突发事件实时决策问题,建立了模糊群体应急决策模型。

国内关于应急决策理论的研究最早出现在 20 世纪 90 年代中期[18,45,46],此后国内一些学者对突发事件应急决策进行了较多的研究[12,19]。文献[45]中,基于国际危机研究的已有成果,作者系统地分析总结了突发事件应急决策中应急决策结构、决策者的个性特征与决策习惯、应急决策的特点和模式及应急决策对策的模拟等内容。文献[46]中,借鉴国外的研究结论,详细地介绍了集中突发政治冲突情景下的应急决策理论模型。文献[12]中,作者从突发公共突发事件管理的角度全面地总结了突发事件管理体系构建中的决策过程,包括常规决策与应急决策、应急决策流程分析、应急决策的主要方法及中国应急决策现状及改进等。冯凯等[44]运用经典控制论的理论对重大突发事件的应急决策进行了深入的探讨。王庆全等将现代数学中的范畴论引入突发事件的应急决策问题，提出了一种辅助应急决策知识供给的概念建模方法[34]。曾伟等[35]在分析基于模版规划法和马氏决策规划的应急决策理论基础上提出了基于协调机制的应急决策规划理论。考虑到突发事件应急决策信息不充分、不完备这一特征，罗景峰[41]把灰色理论应用于应急决策问题，建立了基于灰色局势决策的应急预案最优选择模型。李元佳等[42]将贝叶斯决策理论应用于核事故中期、晚期的应急决策优化，给出了能够较好地改进决策结果的优化模型。郑冬琴等[43]把多目标模糊决策理论与层次分析法相结合应用于核事故应急决策，建立了核事故应急模糊层次决策模型。

从已有关于应急决策理论的研究成果容易看出，关于突发事件应急决策理论的研究国内外学术界目前仍然没有比较成熟的理论方法或者基础性理论原理。已有的研究大多停留在关于突发事件应急决策的基本特征、决策因素分析、基本决策原理的描述，而且多以宏观讨论研究为主。由于突发事件本身的复杂性使得定量化描述事件因素并不容易，对于相同类型的应急决策问题，不同的学者应用不同的理论与方法可能给出完全不相同的决策模型与方法。因而比较具体的定量化、分析化的研究正处于不断探索和初步的研究阶段。

(2) 突发事件应急决策方法研究

与应急决策理论研究尚没有较为成熟的理论与方法相比，国内外关于应急决策方法的研究则更为丰富和具体。

国外关于突发事件应急决策方法的研究主要集中于风险管理和运筹学领域的效用分析和敏感性分析，Noel Pauwels 等[47]运用效用分析和敏感性分析方法分析了核泄漏事件发生后的撤退决策选择。Hiroyuki Tamura 等运用决策树分析方法对灾害风险进行了分析[48]。Allan[49]等提出了基于应急预案的突发事件应急决策方法。Rollon[50]等将人工智能领域汇总案例推理的思想应用于突发事件应急决策,提出了一种基于案例推理的应急决策方法,进而为构建处理大规模应急决策问题的决策支持系统奠定了理论基础。Malik[51]在分析突发事件内在特征的基础上把智能规划的方法应用于应急决策,给出了基于智能规划的突发事件应急决策方法。此外,基于成熟的群决策原理,许多学者研究了基于群决策的应急实时决策方法,Wemer 和 Graber[52]等把群决策方法应用于毒气泄漏的应急决策问题,给出了实时应急决策的模拟模型与方法。Ikeda[53]等把群决策的思路应用于核工厂突发紧急状态下的实时决策。Rosmullert[54]运用群决策技术研究了地下建筑安全性能的应急实时评价问题,提出了基于群决策的安全评价方法。针对突发事件应急救援过程中的应急物资优化调度与配置问题,许多学者利用经典运筹学中的数学规划方法系统地研究了这一类问题,Revelle 和 Eiselt[55]提出了设施覆盖问题(location set covering problem, LSCP)模型,为了克服 LSCP 问题在实际应用中难易求解的不足之处,Rahman[57]等对其进行了改进,提出了最大覆盖问题(maximum covering location problem, MCLP)模型。基于 MCLP 模型, Daskin[56]提出了最大期望覆盖选址问题(maximal expected coveragelocation problem, MEXCLP),建立了 MEXLP 模型。同样,利用经典运筹学中的动态规划方法,Serafmi[58]等讨论了应急物资调度的最小风险路径问题,给出了最小风险路径问题的数学模型和算法。Mamnoon[63]与 Benveniste[64]在充分考虑突发事件发生具有不确定特征的基础上,进一步考虑了突发事件在不同时间发生的概率,进而把经典运筹学中排队论与选址理论结合给出了一种新的突发事件应急物资选址方法。Mahmoud[59]等分析了连续的、多级资源配置的决策问题,提出了基于经典动态规划的多目标动态规划方法。在对应急物资调度和配置研究的同时,许多学者也研究了应急资源的评估问题。Robert[60]等对整个欧洲潜在火灾危险对消防系统的应急能力进行了评估,Mohan[61]

等对应急管理中应急通信设施的可靠性进行了评估，Evelyn[62]对应急车辆自动选址系统的派遣策略进行了评估，并提出了改进建议。

国内关于突发事件应急决策方法的研究在过去的几年内也取得了较多的成果。刘春林[65]系统地研究了同时考虑多出救点和路径选择情形下的应急物资调度问题，建立了相应的数学模型并给出了求解算法，同时分别研究了确定性和不确定信息情形下最优调度方案的算法。针对多资源应急出救点的特征，戴更新等[66]引入连续可行方案的概念，并利用单资源问题的已有成果，建立了多资源组合的应急调度模型并给出了实现该问题的求解算法。针对大规模突发事件的应急物资调度问题，王海军等[71]研究了在模糊需求条件下应急物资调度的动态决策方法，建立了以总运输时间和应急成本为目标的多目标非线性整数规划模型。池宏等[67]指出已有的关于应急物资调度的研究模型都只停留在静态的模型上，而现实中具有动态特性的调度模型更有价值，基于此提出了动态博弈网络技术的概念并用于资源优化配置研究。针对如何快速、高效地生成应对突发事件处置方案的问题，董存祥等[68]基于突发事件的应急预案，采用变量和约束来表示应急决策问题的对象和规则，提出了一种基于约束满足问题(CSP)的应急决策方法。考虑到突发事件的复杂性特征，靖可等[69]提出一种基于区间偏好信息的不确定性应急局部群决策方法，并将该模型应用于地铁火灾事故应急疏散方案的最优选择问题。针对应急决策中许多信息无法定量描述的问题，张云龙等[70]运用模糊集合理论，建立了在事故灾难复杂环境下对应急决策进行动态调整的模糊群体决策方法。张凯等[72]把经典层次分析法应用于核事故应急决策分析中，建立了核事故应急决策的层次分析模型，实现了影响核事故应急的关键因素排序，以及对策方案的选择。同样，徐志新等[74]利用多属性效用分析的方法给出了核事故应急决策的另一种方法，也有一些学者把灰色关联分析方法应用于核事故应急决策研究。陈兴等[73]在考虑部门协同、动态决策的基础上，基于多目标优化的思想，建立了多阶段多目标多部门的应急协同决策模型。针对突发事件发生的不确定性特点，为提高突发事件管理的能力，裘江南等[75]应用贝叶斯网络给出了一种突发事件预测模型。此外，以突发事件应急决策为研究背景和对象，不同的学者分别应用数学、信息科学、心理学、社会物理学、行为科学以及工程技术等各个学科领域的基本原理和方法，针对突发事件的基本特征及其决策特点对具体的应急决策问题给予了比较细致的研究，这些研究都为不同类型突发事件中相关问题的应急决策提供了技术和实践层面的有力支持。

由上面的综述容易看出，突发事件应急决策方法的研究所关注的应急决策问题比较具体，如应急物资调度与配置，应急预案优化选择等突发事件中的实际问题。由于突发事件具有不确定性、复杂性以及多变性等特征，对于同一个现实的应急决策问题不同学者研究的思路与方法相去甚远，其处理的手段、思考的角度、应用的理论原理相关性不大。因而突发事件的应急决策方法研究是一个多学科交叉与融合的过程。如前面的叙述，对于同一个具体的应急决策问题，虽然其决策方法的理论依据来源于不同的学科领域，但是都给出了某种意义或者在某种特定假设条件下的一种最优决策方法。同时，由于突发事件本身的复杂性使得针对相同决策问题的不同应急决策方法之间不具备优劣比较的统一标准。这种情形一方面为多角度、全方位的剖析突发事件应急决策的影响因素、演化机制、决策的一般性过程等提供了开阔的视野；另一方面也使得在短时间内形成具有一致性、普遍性、程序化的应急决策方法的可能性变小。因此，突发事件的应急决策方法依然没有形成一致的或者主流的一般性决策思路和模式。

通过系统地分析国内外关于突发事件应急决策理论与应急决策方法的已有研究成果容易得出如下结论：

目前，突发事件的应急决策问题研究受到了国内外诸多领域的学者极大的关注和研究兴趣，研究的成果也随着近年来频发的突发事件以及时间的推移而迅速增长，研究的群体也来自几乎所有的学科领域中具有不同知识背景的学者。迄今为止，虽然关于突发事件应急决策问题的一般性决策原则、决策特点、主要的决策问题等定性的、宏观层面的研究获得了比较一致的、主流的共识和结论，但是关于突发事件应急决策问题的决策理论与方法的研究仍然没有形成主流的决策理论与决策模式。

这种研究现状一方面使得人们对于频繁发生的突发事件的应急管理实践仍然面临缺乏强有力的科学理论支持的尴尬现实；另一方面也使得继续尝试应用其他学科领域的理论与方法研究突发事件的应急决策问题具有了科学意义和价值，进而为完善突发事件应急决策的理论与方法提供新的思路和工具。

本书就是基于突发事件应急决策研究的这一客观现状，针对突发事件应急决策不确定性的特征，以突发事件中几类不确定性应急决策问题为研究对象，如应急物资需求预测、应急物资调度与配置、应急预案评价与选择等基本问题。在进行系统的双论域粗糙集理论研究的基础上，尝试运用双论域粗糙集理论与方法给出上述几类应急决策问题一种新的研究视角和思路，试图为突发事件的不确定性决策问题提供新的决策模型与方法。

1.4.3 双论域粗糙集研究现状

人类通常有两种最基本的方式处理来自客观世界的不确定信息：数值化方式和非数值化方式。一般而言，当客观对象可获得的知识不能够用定量化的数值方式表示时，人们只能采取非数值化的方式表示和管理关于客观对象的知识、信息[85,117]。粗糙集理论作为继模糊集理论之后又一个处理具有非数值化描述特征、不精确性属性信息的不确定性处理的新数学理论，是由波兰科学院院士 Pawlak[76] 于 1982 年提出，为研究和处理非数值化信息数据提供了比较有效的工具。在过去的 40 年内，不仅粗糙集的理论基础得到了充分的完善，而且思想方法也成功应用于许多相关学科领域[77]。粗糙集的核心思想是用信息库中可利用的知识来近似描述不精确概念。经典Pawlak粗糙集理论所讨论的对象具有大致相似的基本特征(其所有讨论对象能够被限定于具有相同特征的范围之内),亦即其研究同一个论域上的对象。然而,许多现实中的不确定决策问题如疾病诊断、个性化营销方案设计、突发事件应急决策等许多现实的管理决策实践中其研究对象可能具有并不完全相同的属性特征,亦即研究对象不能够完全限定在同一个论域之内,其决策对象往往涉及两个不同但又相互关联的论域,如在一个医疗诊断系统中,其同时涉及症状与疾病这两个彼此相关的不同集合[78]。基于此,加拿大的Yao等[79,80,81]在Shafer[82]的相容观点下给出了经典Pawlak粗糙集一种新的推广:双论域粗糙集概念。

自从Yao首次提出双论域粗糙集的概念之后,很长的时间内并没有引起学者们的关注。近年来,双论域粗糙集的研究吸引了国内外许多学者的兴趣并取得了比较好的研究成果。其研究现状简要综述如下。

通过在由两个不同论域生成的概率空间和可测空间之间定义的集值映射,吴伟志等[83,84]提出了基于随机集的粗糙集模型。针对已有的双论域粗糙集模型,裴道武等[85]系统地综述了各种双论域粗糙集的基本模型并详细讨论其基本性质,同时给出了一个改进的双论域粗糙集模型。李同军等[86,87]讨论了两个论域上的粗糙近似算子及其模糊推广问题,并且研究了两个论域上的粗糙模糊近似问题。通过结合区间值模糊集与粗糙集理论,张红英等[88]分别用构造性和公理化的方法讨论了双论域上的区间值模糊粗糙集。闫瑞霞、刘贵龙[89,90]分别讨论了双论域上的模糊粗糙集以及对偶论域上的粗糙集模型。基于已有关于双论域粗糙集理论的初步研究工作,我们进一步系统地研究了双论域上的粗糙集理论。通过定义两个论域之间的模糊相容关系,研究了双论域上的模糊粗糙集理论。同时讨论了双论域上的直觉模糊集的粗糙近似问题,并给出了其在医疗诊断中的一个应用[91,92,93],并给出了一种基于双论域直觉模糊粗糙集的不确定决策方法[94]。随后,我们系统地讨论了双论域上概率粗糙集的基本理论[95],并讨论了双论域概率粗糙集模型与 Bayesian 风险决策之间的关系[96]。与经典概率粗糙集一样,为对模型中的参数给出一种较少依赖决策者主观偏好和直觉经验判断的选择方式,本书给出了双论域上的决策粗糙集模型的基本形式并将其应用于突发事件的实时应急决策问题[96,97],为研究双论域概率近似空间中模糊概念的粗糙近似问题,本书提出了一种双论域概率模糊粗糙集模型[98]。在进一步研究双论域模糊粗糙集[90]基本性质的基础上,我们给出了一种基于双论域模糊粗糙集的应急物资需求预测方法[166]。刘财辉等提出了双论域上的程度粗糙集并给出了其上下近似的矩阵计算方法[99]。基于不同的研究背景,也有其他相关的双论域粗糙集模型被先后讨论[100,101]。

上述研究不仅进一步完善了双论域粗糙集的基本理论,丰富了双论域粗糙集的应用范围,更为双论域粗糙集理论的进一步深入研究提供了基本架构和范式。

1.5 研究目标和内容

1.5.1 研究目标

突发事件具有复杂多变的发生、发展机制和演化规律;同时,突发事件的应急决策具有时间紧迫、信息高度缺失和资源有限等基本特征。一方面,关于突发事件所涉及对象本身的各种信息以及应急需求和供应等信息均不能准确获得;另一方面,必须迅速做出应急处置决策,而且决策者需要在不完备、不充分信息的条件下做出面向整个突发事件的全局性决策。因此,经典的以精确数学理论为基础的决策理论在处理具有上述特征的应急决策问题时将面临许多困难。虽然诸如多属性决策、多目标、多准则决策以及其他不确定性决策理论与方法的不断成熟与完善使得这些复杂突发事件应急决策问题的解决成为可能。然而，由于突发事件本身的复杂性、不确定性、决策信息的不充分、决策对象难以定量表示及决策过程的非程序化等使得现有的决策技术也难以获得比较理想的应急决策方案。

因此，研究不确定环境下基于双论域粗糙集理论的应急决策方法具有现实的科学价值和意义。针对突发事件发生原因、变化方向、影响因素等无规则性，事态发展的瞬息万变、难以准确预测和把握的不确定性及由于突发事件的随机性所导致关于事件信息的不精确、不完备性和决策时间的紧迫性等特征，以双论域粗糙集理论为基础，研究不确定环境下具有不完备决策信息的突发事件应急决策问题的数学基础理论，并针对具体不确定性应急决策问题给出尽可能符合突发事件实时情景的应急决策模型与方法，为决策者的实时应急决策提供理论依据和辅助决策支持。

此外，针对目前突发事件应急决策研究尚无成熟的理论与方法这一现实，把双论域粗糙集这一新的处理不确定性现象的数学理论应用于具体的应急决策问题，尝试给出一种新的研究思路和理论工具。一方面，为具体的应急决策问题提供一种新的决策模式和处理手段；另一方面，为双论域粗糙集理论的研究提供更为丰富的应用对象及研究领域。

1.5.2 研究内容和结构

基于双论域粗糙集理论及突发事件应急决策的研究现状，本书以突发事件中具体的不确定性决策问题为研究对象，以双论域粗糙集理论与方法为基础理论工具，从理论研究和实际应用模型两个方面展开研究。因此，本书的研究内容大致可分为两个部分：① 双论域粗糙集理论研究；② 基于双论域粗糙集的应急决策模型与方法研究。主要内容如下：

(1) 关于双论域粗糙集理论的研究主要内容

① 在两个不同的论域之间引入了一种新的二元模糊相容关系，建立了基于模糊相容关系的双论域粗糙模糊集和基于模糊相容关系的双论域模

糊粗糙集,研究了与其他已有相关粗糙集之间的关系并系统地讨论了其数学性质。同时给出了两种推广的双论域模糊粗糙集。② 针对已有关于双论域模糊粗糙集的基本定义,用构造性的方法系统地讨论了其基本性质。③ 在双论域的框架下讨论了直觉模糊集的粗糙近似问题,用构造性方法分别讨论了双论域直觉模糊粗糙集和粗糙直觉模糊集。同时给出了一种基于双论域直觉模糊粗糙集的不确定决策模型与方法。④ 建立了双论域上的概率粗糙集理论,针对双论域概率粗糙集阈值参数选取尚无统一确定方法这一问题,把经典 Bayesian 风险决策的思想引入双论域概率粗糙集中,给出了一套程序化的阈值参数计算方法,并建立了双论域上概率粗糙集与 Bayesian 风险决策之间的关系。⑤ 把软集理论与模糊粗糙集相结合,在双论域的框架下建立了软模糊粗糙集的基本理论,并给出了一种基于软模糊粗糙集的不确定决策方法。

(2) 基于双论域粗糙集的应急决策模型与方法的研究主要内容

① 针对突发事件应急决策信息不精确、失真的特点,考虑了应急指挥决策者对实时决策信息可靠度的置信水平,进而建立了基于相容关系双论域模糊粗糙集的应急决策模型与方法。② 考虑了突发事件应急物资需求预测问题,建立了基于双论域模糊粗糙集的应急物资需求预测模型与算法,给出了其在地震应急物资需求预测中应用。③ 把基于双论域直觉模糊粗糙集的不确定决策原理应用于突发事件应急物资调度配置问题,给出了基于双论域粗糙集理论的应急物资调度配置决策方法。④ 依据我国应急管理"一案三制"的基本体系,研究了基于应急预案的应急决策方法,给出了具有最小风险损失的最优应急决策模型与方法。⑤ 为避免传统应急预案评价中权重确定过于主观以及由于评价指标过多而使专家打分可靠度降低等不足之处,把经典 TOPSIS 的原理与软模糊粗糙集相结合,给出了一种新的应急预案评价模型与方法。

本书的结构如图 1-1 所示。

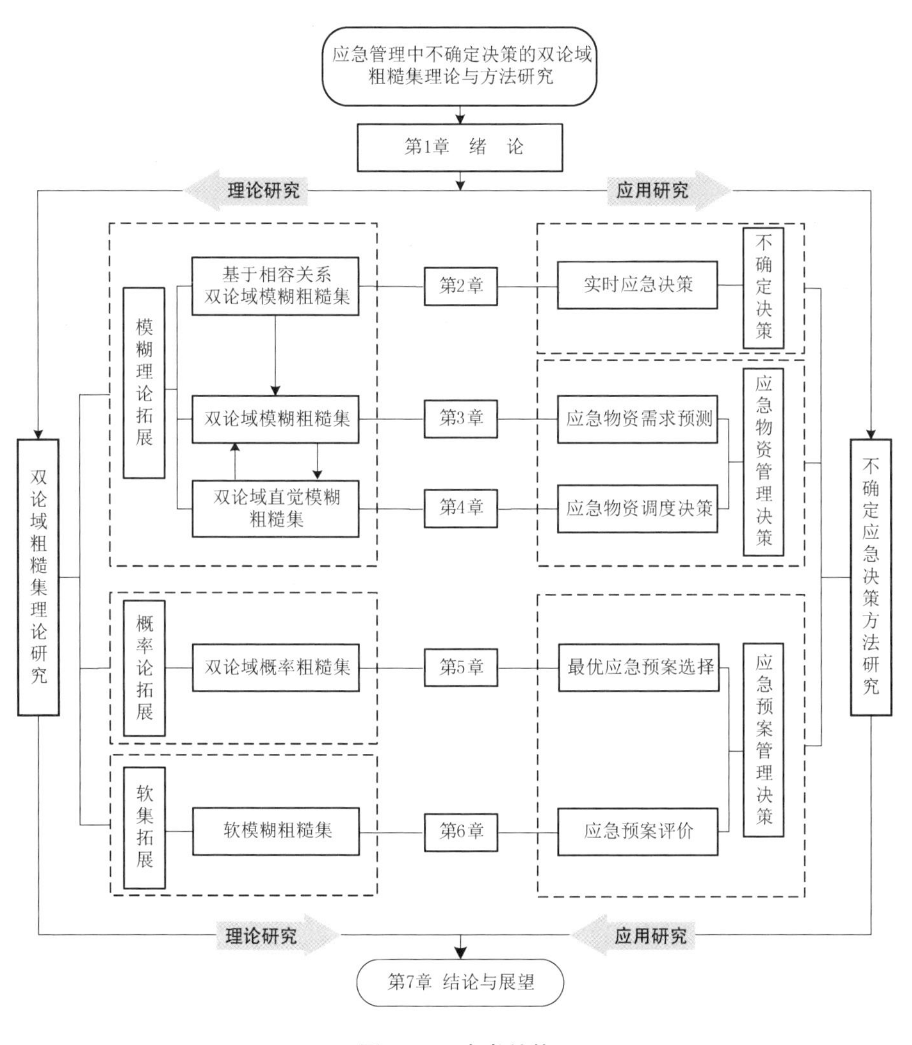

图 1-1 本书结构

1.6 预备知识

本节简要介绍论文中涉及的模糊集、直觉模糊集和粗糙集理论及其几类主要推广模型的基本概念、运算和性质及相关的符号表达形式。

1.6.1 模糊集

设 U 是由一些确定的可识别的对象构成的集合称为论域，对于 U 中任何一个集合 A，引入特征函数 $A(x)$，即

$$A(x) = \chi_A(x) = \begin{cases} 1, & x \in A, \\ 0, & x \notin A。 \end{cases}$$

论域 U 上的特征函数是从 U 到 $\{0, 1\}$ 的一个映射，U 上任何一个特征函数完全确定了 U 中的一个经典子集合（记 $P(U)$ 表示论域 U 的子集全体），即

$$A = \{x \in U \mid A(x) = 1\}。$$

从特征函数的角度看，经典集合是一个分明集合，它对应着二值逻辑。从集合论的角度看，一个论域中的对象或属于这个集合或不属于这个集合，两者必居其一。因此，分明集合被用来描述清晰/确定的概念或知识。

现实中，并不是所有的概念都能用基于分明集合的二值逻辑进行刻画。许多概念的内涵和外延之间的界限并不明确，表现出亦此亦彼的过渡性特征。为描述这种不分明的过渡性状态，人们将分明集合特征函数的概念扩展为隶属函数。因此，论域 U 上的一个隶属函数就是 U 到 $[0, 1]$ 区间上的一个映射。

定义 1.6.1[102] 论域 U 上的一个模糊集合（Fuzzy Sets）A 由论域 U 上的一个隶属函数

$$A: U \rightarrow [0, 1]$$

表示。其中 $A(x)$（或者 $\mu_A(x)$）表示元素 x 隶属于模糊集合 A 的程度。

隶属度 $A(x)$ 描述了论域 U 中的元素 x 属于 A 的程度的数量指标。若 $A(x) = 0$，则称 x 完全不属于 A；若 $A(x) = 1$，则称 x 完全属于 A；对于这两种极端情形之外的状态，则隶属度 $A(x)$ 刻画了元素 x 属于 A 的程度，

其恰当地描述了在完全属于和完全不属于 A 这两种确定性状态之间亦此亦彼的过渡性状态。

一般而言,论域 U 上的模糊集 A 表示为 $A=\{(x, A(x)) \mid x \in U\}$。

若论域 U 是有限集或可数集,则 $A=\sum A(x_i)/x_i$,若论域 U 是无限集或不可数集,则 $A=\int A(x_i)/x_i$。

记论域 U 上全体模糊子集为 $F(U)$。

定义 1.6.2[102] 设 $A, B \in F(U)$,若对任意 $x \in U$,有 $A(x) \leqslant B(x)$,则称 A 包含于 B,记作 $A \subseteq B$。若 $A \subseteq B$ 且 $B \subseteq A$ 同时成立,则称 A 与 B 相等,记作 $A=B$。

记模糊集合 A 与 B 的并为 $A \cup B$,其隶属函数定义为

$$(A \cup B)(x)=A(x) \vee B(x)=\max\{A(x), B(x)\}, \ \forall x \in U。$$

记模糊集合 A 与 B 的交为 $A \cap B$,其隶属函数定义为

$$(A \cap B)(x)=A(x) \wedge B(x)=\min\{A(x), B(x)\}, \ \forall x \in U。$$

记模糊集合 A 的补集为 A^C,其隶属函数定义为

$$A^C(x)=1-A(x), \ \forall x \in U。$$

在处理实际问题时,有时要对模糊概念给出清晰的认识与判断,亦即需要判断某个对象对模糊集合清晰的归属,实现这一要求需要在模糊概念与清晰概念之间按照某种确定规则进行自如的转换。因此,模糊集合截集的概念被定义。

定义 1.6.3[102] 设 $A \in F(U)$,任意 $\lambda \in [0, 1]$,称

$$A_\lambda=\{x \in U \mid A(x) \geqslant \lambda\}, \ A_\lambda=\{x \in U \mid A(x) > \lambda\}$$

分别是模糊集 A 的 λ 截集和强 λ 截集。

称 A_1 为模糊集 A 的核，而 $A_0=\{x\in U\mid A(x)>0\}$ 成为模糊集 A 的支集，记为 $\sup pA$。

基于模糊集截集的概念，下面的结论是显然的。

定理 1.6.1[102] 设 $A\in F(U)$，则 $A=\bigcup\{\lambda A_\lambda\mid\lambda\in[0,1]\}$，其中 λA_λ 称为 λ 与 A_λ 的乘积。则

$$\lambda A_\lambda(x)=\lambda\wedge A_\lambda(x)。$$

1.6.2 直觉模糊集

称非空论域 U 上形如 $A=\{\langle x,\mu_A(x),\nu_A(x)\rangle\mid x\in U\}$ 的集合为直觉模糊集[104]。其中

$$\mu_A: U\to[0,1],\ \nu_A: U\to[0,1];$$

且满足 $0\leqslant\mu_A(x)+\nu_A(x)\leqslant 1,\ \forall x\in U$。

称 μ_A 为 A 的隶属度，而 ν_A 称为 A 的非隶属度。

论域 U 上全体直觉模糊集记为 $IF(U)$。

设 $A\in IF(U)$，则 A 的补集定义为 $A^C=\{\langle x,\nu_A(x),\mu_A(x)\rangle\mid x\in U\}$。

显然，若 A 是论域 U 上的模糊集，则 A 可以看作是论域 U 上的直觉模糊集，其可表示为具有 $A=\{\langle x,\mu_A(x),1-\mu_A(x)\rangle\mid x\in U\}$ 的形式；同理，若 A 是论域 U 上的分明集，则 A 也可以看作是论域 U 上的直觉模糊集，其可表示为具有 $A=\{\langle x,1,0\rangle\mid x\in U\}$ 的形式。

直觉模糊集具有如下基本的运算性质[104,105]。

设 U 是非空论域，任意 $A,B\in IF(U)$，则

$A\subseteq B\Leftrightarrow\mu_A(x)\leqslant\mu_A(x),\ \nu_A(x)\geqslant\nu_B(x),\ \forall x\in U$；

$A\supseteq B\Leftrightarrow B\subseteq A$；

$A=B\Leftrightarrow A\subseteq B,\ B\subseteq A$；

$A \cap B = \{\langle x, \min(\mu_A(x), \mu_B(x)), \max(\nu_A(x), \nu_B(x))\rangle \mid x \in U\}$;

$\bigcap_{i\in J} A_i = \{\langle x, \bigwedge_{i\in J}\mu_i(x), \bigvee_{i\in J}\nu_i(x)\rangle \mid x \in U\}$; $\forall A_i \in IF(U)$,其中 J 为指标集;

$\bigcup_{i\in J} A_i = \{\langle x, \bigvee_{i\in J}\mu_i(x), \bigwedge_{i\in J}\nu_i(x)\rangle \mid x \in U\}$; $\forall A_i \in IF(U)$,其中 J 为指标集。

1.6.3 Pawlak 粗糙集

定义 1.6.4[103] 设 U 是非空有限论域,记 $U \times U = \{(x_i, x_j) \mid x_i, x_j \in U\}$,称 $R \subseteq U \times U$ 为论域 U 上的等价关系,若 R 满足以下条件:

(1) 自反性:$(x_i, x_i) \in R, \forall x_i \in U$;

(2) 对称性:$(x_i, x_j) \in R \Rightarrow (x_j, x_i) \in R, \forall x_i, x_j \in U$;

(3) 传递性:$(x_i, x_j) \in R, (x_j, x_k) \in R \Rightarrow (x_i, x_k) \in R, \forall x_i, x_j, x_k \in U$。

记 U/R 为论域上等价关系 R 的所有等价类构成的集合,$[x]_R$ 表示包含元素 $x \in U$ 的 R 等价类。则称 $K = (U, \mathbb{R})$ 是一个知识库或一个关系系统。其中 $\mathbb{R}$ 表示论域 U 上的一簇等价关系。

在不引起混淆的情况下,为叙述方便我们对论域 U 上的等价关系簇 $\mathbb{R}$ 和等价关系 R 不加区别,即 $K = (U, \mathbb{R}) = (U, R)$. 同时,称 (U, R) 为 Pawlak 近似空间。

设 (U, R) 为近似空间,对任意 $X \subseteq U$,称

$$\underline{R}(X) = \bigcup \{[x]_R \mid [x]_R \subseteq X, x \in U\},$$

$$\overline{R}(X) = \bigcup \{[x]_R \mid [x]_R \cap X \neq \varnothing, x \in U\}。$$

分别为 X 的 R 下近似集和 R 上近似集[103]。

下近似、上近似也可以表示成下面的形式:

$$\underline{R}(X) = \{x \in U \mid [x]_R \subseteq X\},$$

$$\overline{R}(X) = \{x \in U \mid [x]_R \cap X \neq \varnothing\}。$$

称 $Bn_R(X) = \overline{R}(X) - \underline{R}(X)$ 是集合 X 的边界域，$Pos_R(X) = \underline{R}(X)$ 为集合 X 的正域，$Neg_R(X) = U - \overline{R}(X)$ 为集合 X 的负域。

显然，$\overline{R}(X) = Pos_R(X) \cup Bn_R(X)$。

由上面的定义，下面的结论是显然成立的。

定理 1.6.2[103]　设 (U, R) 为近似空间，对任意 $X \subseteq U$，则

(1) X 为 R 可定义集当且仅当 $\overline{R}(X) = \underline{R}(X)$。

(2) X 为 R 粗糙集当且仅当 $\overline{R}(X) \neq \underline{R}(X)$。

此外，由上面的定义容易验证下面关于 X 的 R 下近似和上近似的性质成立。

定理 1.6.3[103]　设 (U, R) 为近似空间，对任意 $X, Y \subseteq U$，则

(1) $\overline{R}(X) \subseteq X \subseteq \underline{R}(X)$；

(2) $\underline{R}(\varnothing) = \overline{R}(\varnothing) = \varnothing$，　$\underline{R}(U) = \overline{R}(U) = U$；

(3) $\underline{R}(X \cap Y) = \underline{R}(X) \cap \underline{R}(Y)$，　$\overline{R}(X \cup Y) = \overline{R}(X) \cup \overline{R}(Y)$；

(4) $X \subseteq Y \Rightarrow \underline{R}(X) \subseteq \underline{R}(X)$，　$\overline{R}(X) \subseteq \overline{R}(X)$；

(5) $\underline{R}(X \cup Y) \supseteq \underline{R}(X) \cup \underline{R}(Y)$，　$\overline{R}(X \cap Y) \subseteq \overline{R}(X) \cap \overline{R}(Y)$；

(6) $\underline{R}(X^C) = (\overline{R}(X))^C$，　$\overline{R}(X^C) = (\underline{R}(X))^C$；

(7) $\underline{R}(\underline{R}X) = \overline{R}(\underline{R}X) = \underline{R}X$，　$\overline{R}(\overline{R}X) = \underline{R}(\overline{R}X) = \overline{R}X$。

定理 1.6.2 与定理 1.6.3 的证明参考文献[103]。

为描述由论域 U 上的等价关系 R 定义的粗糙集 X 的不确定性，我们引入精度和粗糙度的概念。

定义 1.6.5　设 (U, R) 为近似空间，对任意 $X \subseteq U$，称

$$\alpha_R(X) = \frac{|\underline{R}(X)|}{|\overline{R}(X)|} \quad (|\underline{R}(X)| \text{ 表示集合的基数})$$

为等价关系 R 定义的粗糙集 X 的近似精度。同时，称 $\rho_R(X) = 1 - \alpha_R(X)$

为 X 的不精确程度或粗糙度。

精度 $\alpha_R(X)$ 刻画了人们对 X 表示的知识的了解程度。显然，$0 \leqslant \alpha_R(X) \leqslant 1$. 当 $\alpha_R(X) = 1$ 时，集合 X 是 R 可定义集；当 $\alpha_R(X) < 1$ 时，集合 X 是 R 不可定义集。而粗糙度 $\rho_R(X)$ 恰好与精度 $\alpha_R(X)$ 相反，其刻画了集合 X 表示的知识的不完全程度。

1.6.4 变精度粗糙集

粗糙集理论的核心问题是建立在给定论域二元关系基础上的分类分析。Pawlak 粗糙集模型本质上是一个定性的分类模型，它严格按照等价关系以及集合之间的包含关系来分类而没有考虑到集合对象之间可能存在的重叠信息。对于这种情形而言，迫切需要考虑集合之间不完全的包含或属于关系，即具有某种定量化程度的包含或属于关系。亦即，具有定量特征的粗糙集模型。变精度粗糙集模型就是在这一背景下提出来的一种推广的 Pawlak 粗糙集模型[104,106,123]。

设 $X, Y \subseteq U$，令

$$mc(X, Y) = \begin{cases} 1 - |X \cap Y| / |X| & |X| > 0, \\ 0 & |X| = 0. \end{cases}$$

称 $mc(X, Y)$ 为集合 X 关于集合 Y 的相对错误分类率。

设 (U, R) 为 Pawlak 近似空间，对任意 $X \subseteq U$，$0 \leqslant \beta \leqslant 0.5$，则定义 X 关于近似空间 (U, R) 的 β 下近似和上近似分别为：

$$\underline{R}_\beta(X) = \{x \in U \mid mc([x]_R, X) \geqslant 1 - \beta\},$$

$$\overline{R}_\beta(X) = \{x \in U \mid mc([x]_R, X) > \beta\}.$$

进一步，X 关于近似空间 (U, R) 的 β 的正域、边界域和负域分别定义如下：

$$Pos_{\beta}(X)=\underline{R}_{\beta}(X)=\{x\in U\mid mc([x]_R,X)\geqslant 1-\beta\},$$

$$Bn_{\beta}(X)=\{x\in U\mid \beta< mc([x]_R,X)<1-\beta\},$$

$$Neg_{\beta}(X)=\{x\in U\mid mc([x]_R,X)\leqslant \beta\}。$$

X 关于β的正域为将U中对象以不大于β的分类误差划分到X的集合；X 关于β的负域为将U中对象以不大于β的分类误差划分到X的补集合。

注 1.6.1 若$\beta=0$，则有如下关系成立：

$$\begin{aligned}\underline{R}_{\beta}(X)&=\{x\in U\mid mc([x]_R,X)\geqslant 1\}=\{x\in U\mid [x]_R\subseteq X\}\\&=\underline{R}(X),\end{aligned}$$

$$\begin{aligned}\overline{R}_{\beta}(X)&=\{x\in U\mid mc([x]_R,X)>0\}=\{x\in U\mid [x]_R\cap X\neq\varnothing\}\\&=\overline{R}(X)。\end{aligned}$$

此即，Pawlak 粗糙集模型。

1.6.5 概率粗糙集

正如 1.6.4 节中所述，Pawlak 粗糙集可以看作是一种定性的近似，下近似由集合包含定义而上近似由集合相交非空定义。该定义没有任何不确定性，这种优点也同时成为其局限性。因此，为获得定量化的粗糙集模型，Wong 和 Ziarko 于 1987 年将概率测度引入粗糙集的研究中。令$P(X\mid [x]_R)$表示任何对象集属于等价类$[x]_R$的条件下属于X的条件概率，则可得下面的等价描述：

$$P(X\mid [x]_R)=1\Leftrightarrow [x]_R\subseteq X,$$

$$P(X\mid [x]_R)=0\Leftrightarrow [x]_R\cap X=\varnothing,$$

$$0<P(X\mid [x]_R)<1\Leftrightarrow [x]_R\cap X\neq\varnothing。$$

因此，得到了 Pawlak 粗糙集 3 个区域的一种新的表示，即

$$Pos_R(X)=\{x\in U\mid P(X\mid[x]_R)\geqslant 1\},$$

$$Neg_R(X)=\{x\in U\mid P(X\mid[x]_R)\leqslant 0\},$$

$$Bn_R(X)=\{x\in U\mid 0<P(X\mid[x]_R)<1\}。$$

显然，Pawlak 粗糙集 3 个区域仅用了概率的两个极端值 0 和 1。若把概率值 0 和 1 采用介于 0 和 1 之间的其他数值替换，则可获得一种新的定量的粗糙集模型：概率粗糙集模型。

定义 1.6.6[107] 设U是非空有限论域，集函数P: $2^U\to[0,1]$称为论域U上的概率测度，若以下条件满足：

(1) $P(\varnothing)=0$, $P(U)=1$。

(2) $P(\bigcup_n A_n)=\sum P(A_n)$, $A_n\in 2^U$, $n=1,2,\cdots$，且A_n两两互不相交。

若P是U上的概率测度，$\forall A, B\in 2^U$且$P(B)>0$，称

$$P(A\mid B)=\frac{P(A\cap B)}{P(B)}$$

为在事件B发生的条件下事件A发生的条件概率。

定义 1.6.7[103] 设U是非空有限论域，R是U上等价关系。$U/R=\{[x]_R\mid x\in U\}$为R形成的等价类。设P是定义在U的子集类构成的σ代数上的概率测度，则称$A_P=(U, R, P)$是概率近似空间。

设$A_P=(U, R, P)$是概率近似空间，对任意$0\leqslant\beta<\alpha\leqslant 1$, $X\subseteq U$，则X关于概率近似空间A_P依参数α, β的概率下近似$\underline{P}_\alpha(X)$和概率上近似$\overline{P}_\alpha(X)$分别如下：

$$\underline{P}_\alpha(X)=\{x\in U\mid P(X\mid[x]_R)\geqslant\alpha\},$$

$$\overline{P}_\beta(X)=\{x\in U\mid P(X\mid[x]_R)>\beta\}。$$

X关于概率近似空间A_P依参数α, β的正域、边界域和负域分别定义

如下：

$$Pos(X, \alpha, \beta) = \underline{P}_{\alpha}(X) = \{x \in U \mid P(X \mid [x]_R) \geqslant \alpha\},$$

$$Bn(X, \alpha, \beta) = \{x \in U \mid \beta < P(X \mid [x]_R) < \alpha\},$$

$$Neg(X, \alpha, \beta) = U - \overline{P}_{\beta}(X) = \{x \in U \mid P(X \mid [x]_R) \leqslant \beta\}。$$

由上面的定义易知，概率粗糙集的上下近似由两个参数确定，因此也可以给出其他形式的参数组合方式所定义的上下近似。故称由上面的粗糙上下近似定义的概率粗糙集为第一类概率粗糙集模型[103]。

显然，若 $\alpha = 1, \beta = 0$，且取 $P(X \mid [x]_R) = \dfrac{|X \cap [x]_R|}{|[x]_R|}$，则

$$\underline{P}_{\alpha}(X) = \underline{P}_{1}(X) = \{x \in U \mid [x]_R \subseteq X\},$$

$$\overline{P}_{\beta}(X) = \overline{P}_{0}(X) = \{x \in U \mid [x]_R \cap X \neq \varnothing\}。$$

此即，Pawlak 粗糙集模型[77,103]。

所以，概率粗糙集也是 Pawlak 粗糙集的推广形式。

由上面关于概率粗糙集上下近似的定义易知，概率粗糙集的下近似算子 $\underline{P}_{\alpha}$ 和上近似算子 $\overline{P}_{\beta}$ 也具有与 Pawlak 粗糙集类似的性质。

1.6.6 模糊粗糙集

经典 Pawlak 粗糙集、变精度粗糙集和概率粗糙集等所处理的对象属性取值都是符号类型的属性值。然而，现实的诸多管理决策问题中存在大量的属性取值不仅仅有符号值，而且也可能存在连续属性值。即某些决策问题中存在决策对象的属性值是实数值的情形；同时，许多现实管理决策问题中所涉及的决策对象的概念内涵和外延并能用经典 Cantor 集合准确表示；亦即，决策对象可能是所讨论对象论域上的模糊概念。如前面所述，Pawlak 粗糙集不能够对具有连续值的对象属性进行有效的刻画和分类，也

无法处理具有模糊决策对象的不确定决策问题。基于此，经典 Pawlak 粗糙集的模糊推广成为解决这种类型实际问题的有效途径。因此，许多学者[108,110,111]提出了一类新的 Pawlak 粗糙集的推广模型：模糊粗糙集。

设 U 是非空有限论域，称模糊集 R 是论域 U 上的模糊关系，即 $R \in F(U \times U)$。

定义 1.6.8[91,103] 设 $R \in F(U \times U)$，则

(1) 对任意 $u \in U$，若 $R(u, u) = 1$，则称 R 是自反的；

(2) 对任意 $u_1, u_2 \in U$，若 $R(u_1, u_2) = R(u_2, u_1)$，则称 R 是对称的；

(3) 若 $R \circ R \leqslant R$，则称 R 是传递的。

设 $R \in F(U \times U)$，若 R 满足自反性和对称性，则称 R 是论域 U 上的模糊相似关系；若 R 满足自反性、对称性和传递性，则称 R 是论域 U 上的模糊等价关系。

设 (U, R) 为 Pawlak 近似空间，即 R 是论域 U 上的二元等价关系。对论域 U 上的任意模糊子集 $A \in F(U)$，则 A 关于 Pawlak 近似空间的下近似 $\underline{R}(A)$ 和上近似 $\overline{R}(A)$ 均为论域 U 上的模糊集，其隶属度分别定义如下：

$$\underline{R}(A)(x) = \min\{A(y) \mid y \in [x]_R, x \in U\},$$

$$\overline{R}(A)(x) = \max\{A(y) \mid y \in [x]_R, x \in U\}。$$

若对任意 $x \in U$，$\underline{R}(A)(x) = \overline{R}(A)(x)$，则称 A 关于 Pawlak 近似空间是可定义的；否则称 A 是粗糙模糊集。

定义 1.6.9[109] 设 U 是非空有限论域，R 是 U 上满足自反性的二元模糊关系，则称 (U, R) 是模糊近似空间。若 R 是 U 上的模糊等价关系，则称 (U, R) 是模糊等价关系近似空间。

定义 1.6.10[109,110] 设 (U, R) 是模糊近似空间，A 是论域 U 上的模糊集。则 $\underline{R}(A)$ 与 $\overline{R}(A)$ 分别为 A 关于模糊近似空间的模糊下近似和模糊上

近似，其隶属度分别定义如下：

$$\underline{R}(A)(x)=\wedge\{A(y)\vee(1-R(x,y))\mid y\in U\},\quad x\in U;$$

$$\overline{R}(A)(x)=\vee\{A(y)\wedge R(x,y),y\in U\},\quad x\in U。$$

若对任意 $x\in U$, $\underline{R}(A)(x)=\overline{R}(A)(x)$，则称 A 关于模糊近似空间是可定义的；否则称 A 是模糊粗糙集。

此时，称 $\underline{R}$: $F(U)\rightarrow F(U)$ 和 $\overline{R}$: $F(U)\rightarrow F(U)$ 分别为模糊下近似算子和模糊上近似算子。

1.6.7 双论域粗糙集

首先，给出 Shafer 关于相容关系的定义。

定义 1.6.11[82] 设 U, V 是两个非空有限论域，R 是定义在 U 与 V 上的二元关系，亦即 $U\times V$ 的子集。若对任意 $u\in U$, $v\in V$，存在 $t\in V$, $s\in U$，使得 $(u,t)\in R$, $(s,v)\in R$，则称 R 是论域 U 与 V 相容关系。

设 U, V 是两个非空有限论域，R 是定义在论域 U 与 V 上的相容关系。则

$$F: U\rightarrow 2^V,\ u\mapsto\{v\in V\mid(u,v)\in R\}$$

称作是由 R 诱导的映射。

显然，二元相容关系 R 与诱导映射 F 彼此相互确定。亦即，R 唯一地确定一个映射 F，反之亦然。

基于二元相容关系 R 和诱导映射 F，我们给出双论域上粗糙集的定义。

定义 1.6.12[78-81,85] 设 U, V 是两个非空有限论域，R 是定义在论域 U 与 V 上的相容关系。称三元有序对 (U,V,R) 为双论域近似空间。对任意 $Y\subseteq V$，Y 关于 (U,V,R) 的下、上近似分别定义如下：

$$\underline{apr}(Y)=\{x\in U \mid F(x)\subseteq Y\};$$

$$\overline{apr}(Y)=\{x\in U \mid F(x)\cap Y\neq\varnothing\}。$$

则称集对$(\underline{apr}(Y), \overline{apr}(Y))$是双论域粗糙集。同时,有序算子对$(\underline{apr}, \overline{apr})$亦称作一个区间结构。

一般地,对任意 $Y\subseteq V$,Y 关于(U, V, R)称作是可定义的,若 $\underline{apr}(Y)=\overline{apr}(Y)$ 成立;否则,称 Y 是双论域上的粗糙集。

双论域粗糙集模型把经典 Pawlak 粗糙集研究的对象从一个论域拓展到两个论域,不仅丰富和完善了粗糙集的模型与理论本身,更为重要的是,能够为用粗糙集理论准确地刻画、描述现实中复杂的管理决策问题以及进行科学的决策分析,提供有效的理论工具和成熟的模型与方法。

第2章 双论域相容模糊粗糙集及实时应急决策

2.1 引　　言

突发事件的发生具有高度的不确定性、不可预测性。而突发事件的应急决策是不完备的决策信息、不明晰的发生原因、不确定的发展趋势等复杂因素交织在一起的非程序化决策。一方面，决策者仅拥有关于突发事件部分的、不精确的实时信息；另一方面，决策者必须在最短的时间内做出面向全局的实时应急决策。

因此，在高度的时间压力和不确定的信息环境下要做出尽可能合理的应急决策，决策者只有根据以往发生的同类突发事件造成影响的一些相关数据提取同类突发事件所产生影响的特征指标（即能够反映同类突发事件影响的共同特征因素），利用具有共性的特征指标实现对新发生突发事件影响后果的定量表示和刻画；使得实时应急决策建立在定量的分析、计算基础上，从而在最短的时间内做出尽可能科学的实时应急决策。

考虑一个突发事件（如地震、洪水等）的实时应急决策问题。

假设在某个特定区域发生了地震，该区域可按某种原则（如行政区划或地理时空分布特征等）划分成多个不同的受灾点。同时，根据以往地震灾害所造成影响的基本特征可给出反映地震灾害影响的主要特征指标：如受灾人数、经济损失、交通等基础设施破坏程度、疫病大规模爆发的可能性等。显然，根据过去特定时间段（如 10 年、20 年等）内与该区域地理特征类似的区域内所有地震灾害的历史记录（灾害影响的历史统计数据）可获得该区域内所有可能的受灾地点关于地震灾害影响的主要特征指标的相关度（即地震区域内每个受灾地点关于所有反映地震灾害影响特征因素的数量指标）。即对某次具体的地震而言，其对地震发生区域中各个受灾地点的影响程度通过反映地震灾害一般性特征指标的数值实现定量的刻画和表示。则当新的地震发生之后，决策者进行灾后应急决策的主要依据便是根据第一时间内获得的关于地震区域中不同受灾地点反映灾害影响的一般性特征指标的信息（受灾人数、建筑物损毁数量等）。如前面所分析，由于受灾害影响，信息的获取受客观上如设备故障、技术水平和时间紧迫等因素和主观上由于灾害影响而导致人们精神紧张、情绪慌乱以及对灾害的恐惧等因素而使得这些信息是关于灾害影响结果的不完备、不精确甚至失真的信息（如受灾人口数量巨大、交通损失严重等）。根据这些不完整、不精确的模糊信息，决策者需要迅速地对地震区域内不同受灾地点给予综合判断，并在最短的时间内做出应急救援决策，如确定不同受灾地点的救援优先次序、救援任务、救援物资的分配种类与数量等。

所以，本章所要解决的问题是：基于突发事件发生后第一时间内获取的不精确、失真信息，结合同类突发事件的历史统计数据，决策者在有限的时间、资源等各种客观条件限制下如何做出尽可能科学的实时应急决策；进而迅速地控制危机局面并最大限度地减少突发事件所产生的影响和损失。

本章首先系统地研究了基于模糊相容关系的双论域粗糙集基础理论。同时，应用基于模糊相容关系的双论域模糊粗糙集模型给出具有上面所描述特征的实时应急决策问题的定量刻画。在此基础上，结合理论研究的结论给出突发事件实时应急决策的一种新方法。

2.2 基于模糊相容关系的双论域粗糙模糊集

2.2.1 基于模糊相容关系的双论域粗糙模糊集

设U, V是非空有限论域。称$U \times V$上的模糊子集$R \in F(U \times V)$为从论域U到V的二元模糊关系。若$U = V$,且R满足自反性和对称性,则称R是论域U上的模糊相似关系;若R满足自反性、对称性和传递性,则称R是论域U上的模糊等价关系。

定义 2.2.1 设U, V是非空有限论域。$R \in F(U \times V)$为从论域U到V的二元模糊关系,任$\alpha \in (0, 1]$,论域U到V上的模糊相容关系R_α定义如下:

$$R_\alpha(u) = \{v \in V \mid R(u, v) \geqslant \alpha, \ \forall \alpha \in (0, 1], u \in U\}。$$

若$\alpha = 1$,则$R_\alpha(u) = \{v \in V \mid R(u, v) = 1, \ \forall u \in U\} = \{v \in V \mid uRv, \ \forall u \in U\}$。此时,论域$U$到$V$上的模糊相容关系$R_\alpha$即为Shafer[82]定义的一般相容关系$r$。因此,模糊相容关系$R_\alpha$是一般相容关系$r$的自然推广;亦即一般相容关系$r$是模糊相容关系$R_\alpha$的特殊情形。

由模糊相容关系的定义知,当参数α遍取$(0, 1]$区间中的所有数值时,论域U与V中所有元素之间的关系都被模糊相容关系R_α精确地表示。因此,决策者在面对实际的决策问题时可以比较灵活地根据实际问题的具体特征确定相应的参数值,进而获得期望的决策目标。

基于论域U与V上的模糊相容关系,给出如下关于双论域模糊相容近似空间的定义。

定义 2.2.2 设U, V是非空有限论域,$R \in F(U \times V)$是论域U与V

上的模糊关系。任 $\alpha \in (0, 1]$,R_α 是论域 U 到 V 上的模糊相容关系。则称三元组(U, V, R_α) 是双论域模糊相容近似空间。

下面,给出基于模糊相容关系 R_α 的双论域粗糙模糊集的定义。

设(U, V, R_α)是双论域模糊相容近似空间。任意 $X(X \subseteq V)$,则集合 X 关于模糊相容近似空间(U, V, R_α) 的下、上近似分别定义为

$$\underline{apr}_{R_\alpha}(X) = \{u \in U \mid R_\alpha(u) \subseteq X\},$$

$$\overline{apr}_{R_\alpha}(X) = \{u \in U \mid R_\alpha(u) \cap X \neq \varnothing\}。$$

同时,定义集合 X 关于模糊相容近似空间(U, V, R_α) 的正域 $Pos_{R_\alpha}(X)$,负域 $Neg_{R_\alpha}(X)$ 和边界域 $Bn_{R_\alpha}(X)$ 分别如下:

$$Pos_{R_\alpha}(X) = \underline{apr}_{R_\alpha}(X), \qquad Neg_{R_\alpha}(X) = U - \overline{apr}_{R_\alpha}(X),$$

$$Bn_{R_\alpha}(X) = \overline{apr}_{R_\alpha}(X) - \underline{apr}_{R_\alpha}(X)。$$

由上面的定义易知 $\overline{apr}_{R_\alpha}(X) = Pos_{R_\alpha}(X) \cup Bn_{R_\alpha}(X)$ 成立。

若$\overline{apr}_{R_\alpha}(X) = \underline{apr}_{R_\alpha}(X)$,则称 X 是模糊相容近似空间(U, V, R_α) 中的可定义集;否则,称 X 是(U, V, R_α) 中的粗糙模糊集。

注 2.2.1　若 $\alpha = 1$,则有如下关系成立:

$$\begin{aligned} R_1(u) &= \{v \in V \mid R(u, v) = 1, \forall u \in U\} \\ &= \{v \in V \mid uRv, \forall u \in U\} = r(u)。\end{aligned}$$

此时,模糊相容关系 R_α 即为论域 U 与 V 上一般相容关系 r。故

$$\underline{apr}_{R_\alpha}(X) = \underline{apr}_C(X) = \{u \in U \mid R_\alpha(u) \subseteq X\},$$

$$\overline{apr}_{R_\alpha}(X) = \overline{apr}_C(X) = \{u \in U \mid R_\alpha(u) \cap X \neq \varnothing\}。$$

此即双论域上的粗糙集模型[78-81]。

注 2.2.2　若 $U = V$,则 R 退化为论域 $U \times U$ 上的二元模糊关系,进而有 $R_\alpha(u) = \{u' \in U \mid R(u', u) \geqslant \alpha, \forall \alpha \in (0, 1], u \in U\}$。所以,$R_\alpha(u)$

退化为论域 U 上的一般二元关系。因此,有下面的关系:

$$\underline{apr}_{R_\alpha}(X) = \{u \in U \mid [x]_{R_\alpha} \subseteq X\},$$

$$\underline{apr}_{R_\alpha}(X) = \{u \in U \mid [x]_{R_\alpha} \cap X \neq \varnothing\}。$$

特别地,若 $R \in F(U \times V)$ 是论域 U 与 V 上的模糊相似关系时,$R_\alpha(u)$ 即为论域 U 上的一般相似关系;若 $R \in F(U \times V)$ 是论域 U 与 V 上的模糊等价关系时,$R_\alpha(u)$ 即为论域 U 上的等价关系。所以,此时双论域上的粗糙模糊集模型退化为经典的 Pawlak 粗糙集模型[76,77,136-138]。

下面,讨论双论域粗糙模糊集的基本性质。

定理 2.2.1 设 (U, V, R_α) 是双论域模糊相容近似空间。任意 $X, Y \subseteq V$,则下近似 $\underline{apr}_{R_\alpha}(X)$ 与上近似 $\overline{apr}_{R_\alpha}(X)$ 满足下列性质:

(1) $\underline{apr}_{R_\alpha}(X) \subseteq \overline{apr}_{R_\alpha}(X)$;

(2) $\underline{apr}_{R_\alpha}(\varnothing) = \overline{apr}_{R_\alpha}(\varnothing) = \varnothing$;

$\underline{apr}_{R_\alpha}(V) = \overline{apr}_{R_\alpha}(V) = U$;

(3) $\underline{apr}_{R_\alpha}(X \cap Y) = \underline{apr}_{R_\alpha}(X) \cap \underline{apr}_{R_\alpha}(Y)$;

$\overline{apr}_{R_\alpha}(X \cup Y) = \overline{apr}_{R_\alpha}(X) \cup \overline{apr}_{R_\alpha}(Y)$;

(4) $\underline{apr}_{R_\alpha}(X \cup Y) \supseteq \underline{apr}_{R_\alpha}(X) \cup \underline{apr}_{R_\alpha}(Y)$;

$\overline{apr}_{R_\alpha}(X \cap Y) \subseteq \overline{apr}_{R_\alpha}(X) \cap \overline{apr}_{R_\alpha}(Y)$;

(5) 若 $X \subseteq Y$,则 $\underline{apr}_{R_\alpha}(X) \subseteq \underline{apr}_{R_\alpha}(Y)$;

$\overline{apr}_{R_\alpha}(X) \subseteq \overline{apr}_{R_\alpha}(Y)$;

(6) $\underline{apr}_{R_\alpha}(X) = (\overline{apr}_{R_\alpha}(X^C))^C$;

$\overline{apr}_{R_\alpha}(X) = (\underline{apr}_{R_\alpha}(X^C))^C$。

证明 由定义直接验证即可。

定理 2.2.2 设 (U, V, R_α) 是双论域模糊相容近似空间. 任 $X(X \subseteq V)$, $\alpha_1, \alpha_2 \in (0, 1]$ 且 $\alpha_1 \leqslant \alpha_2$. 则下近似 $\underline{apr}_{R_\alpha}(X)$ 与上近似 $\overline{apr}_{R_\alpha}(X)$ 满足下列性质:

(1) $\underline{apr}_{R_{\alpha_1}}(X) \subseteq \underline{apr}_{R_{\alpha_2}}(X)$；

(2) $\overline{apr}_{R_{\alpha_2}}(X) \subseteq \overline{apr}_{R_{\alpha_1}}(Y)$。

证明　(1) 由模糊相容关系知 $R_\alpha(u) = \{v \in V \mid R(u, v) \geqslant \alpha, \forall \alpha \in (0, 1], u \in U\}$，则 $R_{\alpha_2}(u) \subseteq R_{\alpha_1}(u)$ 对任意 $\alpha_1 \leqslant \alpha_2$ 成立。任意 $u_0 \in U$，若 $u_0 \in \underline{apr}_{R_{\alpha_1}}(X)$，则必有 $u_0 \in R_{\alpha_1}(u_0)$ 与 $R_{\alpha_1}(u_0) \subseteq X$ 成立。因此，有 $R_{\alpha_2}(u_0) \subseteq R_{\alpha_1}(u_0)$ 与 $R_{\alpha_2}(u_0) \subseteq X$。此即，$u_0 \in \underline{apr}_{R_{\alpha_2}}(X)$。所以，$\underline{apr}_{R_{\alpha_1}}(X) \subseteq \underline{apr}_{R_{\alpha_2}}(X)$ 成立。

(2) 由模糊相容关系知 $R_{\alpha_2}(u) \subseteq R_{\alpha_1}(u)$ 对任意 $\alpha_1 \leqslant \alpha_2$ 成立，则有包含关系 $R_{\alpha_2}(u) \cap X \subseteq R_{\alpha_1}(u) \cap X$。若 $R_{\alpha_2}(u) \cap X \neq \varnothing$，必有 $R_{\alpha_1}(u) \cap X \neq \varnothing$。任意 $u_0' \in U$，若 $u_0' \in \overline{apr}_{R_{\alpha_2}}(X)$，必有 $u_0' \in R_{\alpha_2}(u) \cap X$ 与 $u_0' \in R_{\alpha_1}(u) \cap X$ 成立。

故，$u_0' \in \overline{apr}_{R_{\alpha_1}}(X)$. 所以，$\overline{apr}_{R_{\alpha_2}}(X) \subseteq \overline{apr}_{R_{\alpha_1}}(Y)$ 成立。

定理 2.2.2 表明随着论域 U 与 V 中元素之间相关度的增加，下近似 $\underline{apr}_{R_\alpha}(X)$ 不减，上近似 $\overline{apr}_{R_\alpha}(X)$ 不增。

定义 2.2.3　设 (U, V, R_α) 是双论域模糊相容近似空间。对任意 $X (X \subseteq V)$，X 关于模糊相容关系 R_α 的近似精度 $\rho_{R_\alpha}(X)$ 定义如下：

$$\rho_{R_\alpha}(X) = \frac{|\underline{apr}_{R_\alpha}(X)|}{|\overline{apr}_{R_\alpha}(X)|} \quad (X \neq \varnothing)。$$

记 $\mu_{R_\alpha}(X) = 1 - \rho_{R_\alpha}(X)$，称 $\mu_{R_\alpha}(X)$ 为 X 关于模糊相容关系 R_α 的粗糙度。

容易知道 $0 \leqslant \rho_{R_\alpha}(X) \leqslant 1$，$0 \leqslant \mu_{R_\alpha}(X) \leqslant 1$ 且随着参数 α 的增大精度 $\rho_{R_\alpha}(X)$ 不减，粗糙度 $\mu_{R_\alpha}(X)$ 不增。

定理 2.2.3　设 (U, V, R_α) 是双论域模糊相容近似空间。对任意 X，$Y \subseteq V$，则 $X \cup Y$ 与 $X \cap Y$ 的精度和粗糙度满足下面的不等式：

(1) $\mu_{R_\alpha}(X \cup Y) \mid \overline{apr}_{R_\alpha}(X) \cup \overline{apr}_{R_\alpha}(Y) \mid \leqslant \mu_{R_\alpha}(X) \mid \overline{apr}_{R_\alpha}(X) \mid +$

$\mu_{R_\alpha}(Y)\mid\overline{apr}_{R_\alpha}(Y)\mid-\mu_{R_\alpha}(X\cap Y)\mid\overline{apr}_{R_\alpha}(X)\cap\overline{apr}_{R_\alpha}(Y)\mid$；

(2) $\rho_{R_\alpha}(X\cup Y)\mid\overline{apr}_{R_\alpha}(X)\cup\overline{apr}_{R_\alpha}(Y)\mid\geqslant\rho_{R_\alpha}(X)\mid\overline{apr}_{R_\alpha}(X)\mid+\rho_{R_\alpha}(Y)\mid\overline{apr}_{R_\alpha}(Y)\mid-\rho_{R_\alpha}(X\cap Y)\mid\overline{apr}_{R_\alpha}(X)\cap\overline{apr}_{R_\alpha}(Y)\mid$。

证明　由粗糙度定义有

$$\mu_{R_\alpha}(X\cup Y)=1-\frac{\mid\underline{apr}_{R_\alpha}(X\cup Y)\mid}{\mid\overline{apr}_{R_\alpha}(X\cup Y)\mid}=1-\frac{\mid\underline{apr}_{R_\alpha}(X\cup Y)\mid}{\mid\overline{apr}_{R_\alpha}(X)\cup\overline{apr}_{R_\alpha}(Y)\mid}$$

$$\leqslant 1-\frac{\mid\underline{apr}_{R_\alpha}(X)\cup\underline{apr}_{R_\alpha}(Y)\mid}{\mid\overline{apr}_{R_\alpha}(X)\cup\overline{apr}_{R_\alpha}(Y)\mid}。$$

故 $\mu_{R_\alpha}(X\cup Y)\mid\overline{apr}_{R_\alpha}(X)\cup\overline{apr}_{R_\alpha}(Y)\mid\leqslant\mid\overline{apr}_{R_\alpha}(X)\cup\overline{apr}_{R_\alpha}(Y)\mid-\mid\underline{apr}_{R_\alpha}(X)\cup\underline{apr}_{R_\alpha}(Y)\mid$。

同样，有 $\mu_{R_\alpha}(X\cap Y)=1-\dfrac{\mid\underline{apr}_{R_\alpha}(X\cap Y)\mid}{\mid\overline{apr}_{R_\alpha}(X\cap Y)\mid}$

$$=1-\frac{\mid\underline{apr}_{R_\alpha}(X)\cap\underline{apr}_{R_\alpha}(Y)\mid}{\mid\overline{apr}_{R_\alpha}(X\cap Y)\mid}$$

$$\leqslant 1-\frac{\mid\underline{apr}_{R_\alpha}(X)\cap\underline{apr}_{R_\alpha}(Y)\mid}{\mid\overline{apr}_{R_\alpha}(X)\cap\overline{apr}_{R_\alpha}(Y)\mid}。$$

同样地，有下面的不等式：

$$\mu_{R_\alpha}(X\cap Y)\mid\overline{apr}_{R_\alpha}(X)\cap\overline{apr}_{R_\alpha}(Y)\mid$$
$$\leqslant\mid\overline{apr}_{R_\alpha}(X)\cap\overline{apr}_{R_\alpha}(Y)\mid-\mid\underline{apr}_{R_\alpha}(X)\cap\underline{apr}_{R_\alpha}(Y)\mid。$$

由集合论的运算法则知，对任意 A, B 有 $\mid A\cup B\mid=\mid A\mid+\mid B\mid-\mid A\cap B\mid$ 成立。则

$$\mu_{R_\alpha}(X\cup Y)\mid\overline{apr}_{R_\alpha}(X)\cup\overline{apr}_{R_\alpha}(Y)\mid$$
$$\leqslant\mid\overline{apr}_{R_\alpha}(X)\cup\overline{apr}_{R_\alpha}(Y)\mid-\mid\underline{apr}_{R_\alpha}(X)\cup\underline{apr}_{R_\alpha}(Y)\mid$$
$$=\mid\overline{apr}_{R_\alpha}(X)\mid+\mid\overline{apr}_{R_\alpha}(Y)\mid-\mid\overline{apr}_{R_\alpha}(X)\cap\overline{apr}_{R_\alpha}(X)\mid$$

$$
\begin{aligned}
&-|\underline{apr}_{R_\alpha}(X)|-|\underline{apr}_{R_\alpha}(Y)|+|\underline{apr}_{R_\alpha}(X)\cap\underline{apr}_{R_\alpha}(Y)|\\
=&|\overline{apr}_{R_\alpha}(X)|+|\overline{apr}_{R_\alpha}(Y)|-|\underline{apr}_{R_\alpha}(X)|-|\underline{apr}_{R_\alpha}(Y)|\\
&-\{|\overline{apr}_{R_\alpha}(X)\cap\overline{apr}_{R_\alpha}(Y)|-|\underline{apr}_{R_\alpha}(X)\cap\underline{apr}_{R_\alpha}(Y)|\}\\
\leqslant&|\overline{apr}_{R_\alpha}(X)|+|\overline{apr}_{R_\alpha}(Y)|-|\underline{apr}_{R_\alpha}(X)|-|\underline{apr}_{R_\alpha}(Y)|\\
&-\mu_{R_\alpha}(X\cap Y)|\overline{apr}_{R_\alpha}(X)\cap\overline{apr}_{R_\alpha}(Y)|。
\end{aligned}
$$

此外，由 $\mu_{R_\alpha}(X)=1-\dfrac{|\underline{apr}_{R_\alpha}(X)|}{|\overline{apr}_{R_\alpha}(X)|}$ 与 $\mu_{R_\alpha}(Y)=1-\dfrac{|\underline{apr}_{R_\alpha}(Y)|}{|\overline{apr}_{R_\alpha}(Y)|}$ 知下面的等式成立：

$$\mu_{R_\alpha}(X)|\overline{apr}_{R_\alpha}(X)|=|\overline{apr}_{R_\alpha}(X)|-|\underline{apr}_{R_\alpha}(X)|,$$

$$\mu_{R_\alpha}(Y)|\overline{apr}_{R_\alpha}(Y)|=|\overline{apr}_{R_\alpha}(Y)|-|\underline{apr}_{R_\alpha}(Y)|。$$

故

$$
\begin{aligned}
&\mu_{R_\alpha}(X\cup Y)|\overline{apr}_{R_\alpha}(X)\cup\overline{apr}_{R_\alpha}(Y)|\\
\leqslant&|\overline{apr}_{R_\alpha}(X)|+|\overline{apr}_{R_\alpha}(Y)|-|\underline{apr}_{R_\alpha}(X)|-|\underline{apr}_{R_\alpha}(Y)|\\
&-\mu_{R_\alpha}(X\cap Y)|\overline{apr}_{R_\alpha}(X)\cap\overline{apr}_{R_\alpha}(Y)|\\
=&\mu_{R_\alpha}(X)|\overline{apr}_{R_\alpha}(X)|+\mu_{R_\alpha}(Y)|\overline{apr}_{R_\alpha}(Y)|\\
&-\mu_{R_\alpha}(X\cap Y)|\overline{apr}_{R_\alpha}(X)\cap\overline{apr}_{R_\alpha}(Y)|。
\end{aligned}
$$

因此，证明了(1)式成立。

(2) 取 $\rho_{R_\alpha}(X)=1-\mu_{R_\alpha}(X)$，则可与(1)类似证明。

定理 2.2.4　设 R, S 是论域 U 到 V 上的两个模糊关系。任意 $X(X\subseteq V)$，若 $R\subseteq S$，则下面的包含关系成立。

(1) $\underline{apr}_{S_\alpha}(X)\subseteq\underline{apr}_{R_\alpha}(X)$；

(2) $\overline{apr}_{R_\alpha}(X)\subseteq\overline{apr}_{S_\alpha}(Y)$。

证明　(1) 由 R, $S\in F(U\times V)$ 及 $R\subseteq S$，则任 $u\in U$, $v\in V$ 有 $R_\alpha(u, v)\subseteq S_\alpha(u, v)$ 成立。同时，$R_\alpha(u)=\{v\in V\mid R(u, v)\geqslant\alpha,\ \forall u\in U\}\subseteq S_\alpha(u)=\{v\in V\mid S(u, v)\geqslant\alpha,\ \forall u\in U\}$ 亦成立。对任 $n\in U$，若 $u\in$

$\underline{apr}_{S_\alpha}(X)$,则 $S_\alpha(u)\subseteq X$。故 $R_\alpha(u)\subseteq S_\alpha(u)\subseteq X$。此即,$u\in\underline{apr}_{\widetilde{R}_\alpha}(X)$。

所以,$\underline{apr}_{S_\alpha}(X)\subseteq\underline{apr}_{R_\alpha}(X)$。

(2) 由(1) 知 $R_\alpha(u)\subseteq S_\alpha(u)$,则 $R_\alpha(u)\cap X\subseteq S_\alpha(u)\cap X$。从而,若 $R_\alpha(u)\cap X\neq\varnothing$,必有 $S_\alpha(u)\cap X\neq\varnothing$。若任 $u\in\underline{apr}_{R_\alpha}(X)$,必有 $S_\alpha(u)\cap X\neq\varnothing$,则有 $u\in\underline{apr}_{S_\alpha}(X)$。

此即,$\overline{apr}_{R_\alpha}(X)\subseteq\overline{apr}_{S_\alpha}(Y)$。

定理 2.2.5 设 U, V 是非空有限论域,其中 $U=\{u_1, u_2, \cdots, u_n\}$,$R_\alpha$ 是论域 U 到 V 上的模糊相容关系。若 $\alpha\in(0, 1]$,有 $R_\alpha(u_1)\subseteq R_\alpha(u_2)\subseteq\cdots\subseteq R_\alpha(u_m)$。则对任 $X\subseteq V$, 有下面的结论:

(1) 若 $u_m\in\underline{apr}_{R_\alpha}(X)(m<n)$,则 $u_1, u_2, \cdots, u_{m-1}\in\underline{apr}_{R_\alpha}(X)$;

(2) 若 $u_m\in\overline{apr}_{R_\alpha}(X)(m<n)$,则 $u_{m+1}, u_{m+2}, \cdots, u_n\in\overline{apr}_{R_\alpha}(X)$。

证明 (1) 由 $u_m\in\underline{apr}_{R_\alpha}(X)$, 则 $R_\alpha(u_m)\subseteq X$。又 $R_\alpha(u_1)\subseteq R_\alpha(u_2)\subseteq\cdots\subseteq R_\alpha(u_m)$,故,我们有 $R_\alpha(u_1)\subseteq R_\alpha(u_2)\subseteq\cdots\subseteq R_\alpha(u_{m-1})\subseteq X$ 成立。

所以,$u_1, u_2, \cdots, u_{m-1}\in\underline{apr}_{R_\alpha}(X)$。

(2) 由 $u_m\in\overline{apr}_{R_\alpha}(X)$, 则 $R_\alpha(u_m)\cap X\neq\varnothing$。又 $R_\alpha(u_{m+1})\subseteq R_\alpha(u_{m+2})\subseteq\cdots\subseteq R_\alpha(u_n)$,故,我们有 $R_\alpha(u_{m+1})\cap X\subseteq R_\alpha(u_{m+2})\cap X\subseteq\cdots\subseteq R_\alpha(u_n)\cap X\neq\varnothing$ 成立。

所以,$u_{m+1}, u_{m+2}, \cdots, u_n\in\overline{apr}_{R_\alpha}(X)$。

2.2.2 双论域程度粗糙模糊集

本节给出基于模糊相容关系的双论域粗糙模糊集的第 1 种推广的模型:双论域程度粗糙模糊集。

设(U, V, R_α) 是双论域模糊相容近似空间。任 $X(X\subseteq V)$, $\alpha\in(0, 1]$, $k\in N$ 且 $0\leqslant k\leqslant|X|$。则集合 X 关于模糊相容近似空间的 k 度下、上近似分别定义为

$$\underline{apr}_{R_\alpha}^{k}(X)=\{u\in U \| R_\alpha(u)|-|R_\alpha(u)\cap X|\leqslant k\},$$

$$\overline{apr}_{R_\alpha}^{k}(X)=\{u\in U \| R_\alpha(u)\cap X|>k\}。$$

由上面的定义易知，X 关于双论域模糊相容近似空间的 k 度下近似 $\underline{apr}_{R_\alpha}^{k}(X)$ 中的元素是集合 V 中与元素 $u\in U$ 相关度至少为 α 的且不属于集合 X 的个数不超过 k 的全体；而 X 关于双论域模糊相容近似空间的 k 度上近似 $\overline{apr}_{R_\alpha}^{k}(X)$ 中的元素是集合 V 中与元素 $u\in U$ 相关度至少为 α 的且属于集合 X 的个数多于 k 的全体。

注 2.2.3　若 $k=0$，则有下面的关系成立：

$$\begin{aligned}\underline{apr}_{R_\alpha}^{k}(X)&=\{u\in U \| R_\alpha(u)|-|R_\alpha(u)\cap X|\leqslant k\}\\&=\{u\in U \| R_\alpha(u)|-|R_\alpha(u)\cap X|\leqslant 0\}\\&=\{u\in U \mid R_\alpha(u)\subseteq X\}=\underline{apr}_{R_\alpha}(X);\\\overline{apr}_{R_\alpha}^{k}(X)&=\{u\in U \| R_\alpha(u)\cap X|>k\}\\&=\{u\in U \| R_\alpha(u)\cap X|>0\}\\&=\{u\in U \mid R_\alpha(u)\cap X\neq\varnothing\}=\overline{apr}_{R_\alpha}(X)。\end{aligned}$$

此时，双论域程度粗糙模糊集退化为 3.2.1 节中定义的双论域粗糙模糊集模型。

定理 2.2.6　设(U, V, R_α)是双论域模糊相容近似空间。任 $X, Y\subseteq V$，$\alpha\in(0,1]$，$k\in N$ 且 $0\leqslant k\leqslant|X|$。则下近似$\underline{apr}_{R_\alpha}^{k}(X)$ 与上近似 $\overline{apr}_{R_\alpha}^{k}(X)$ 满足下列性质：

(1) $\underline{apr}_{R_\alpha}^{k}(X)\subseteq\overline{apr}_{R_\alpha}^{k}(X)$；

(2) $\underline{apr}_{R_\alpha}^{k}(\varnothing)=\overline{apr}_{R_\alpha}^{k}(\varnothing)=\varnothing$,

$\underline{apr}_{R_\alpha}^{k}(V)=\overline{apr}_{R_\alpha}^{k}(V)=U$；

(3) $\underline{apr}_{R_\alpha}^{k}(X\cap Y)=\underline{apr}_{R_\alpha}^{k}(X)\cap\underline{apr}_{R_\alpha}^{k}(Y)$；

$\overline{apr}_{R_\alpha}^{k}(X\cup Y)=\overline{apr}_{R_\alpha}^{k}(X)\cup\overline{apr}_{R_\alpha}^{k}(Y)$；

(4) $\underline{apr}^k_{R_\alpha}(X \cup Y) \supseteq \underline{apr}^k_{R_\alpha}(X) \cup \underline{apr}^k_{R_\alpha}(Y)$；

$\overline{apr}^k_{R_\alpha}(X \cap Y) \subseteq \overline{apr}^k_{R_\alpha}(X) \cap \overline{apr}^k_{R_\alpha}(Y)$；

(5) $\underline{apr}^k_{R_\alpha}(X) = (\overline{apr}^k_{R_\alpha}(X^C))^C$；

$\overline{apr}^k_{R_\alpha}(X) = (\underline{apr}^k_{R_\alpha}(X^C))^C$；

(6) $\underline{apr}^0_{R_\alpha}(X) \subseteq \underline{apr}_{R_\alpha}(X)$；

$\overline{apr}^0_{R_\alpha}(X) \subseteq \overline{apr}_{R_\alpha}(X)$；

(7) 若 $X \subseteq Y$，则$\underline{apr}^k_{R_\alpha}(X) \subseteq \underline{apr}^k_{R_\alpha}(Y)$；

$\overline{apr}^k_{R_\alpha}(X) \subseteq \overline{apr}^k_{R_\alpha}(Y)$；

(6) 若 $k \geqslant l$，则$\underline{apr}^l_{R_\alpha}(X) \subseteq \underline{apr}^k_{R_\alpha}(Y)$；

$\overline{apr}^k_{R_\alpha}(X) \subseteq \overline{apr}^l_{R_\alpha}(Y)$。

证明　由定义直接验证可得。

2.2.3　双论域变精度粗糙模糊集

本节给出基于模糊相容关系双论域粗糙模糊集的第 2 种推广形式：双论域变精度粗糙模糊集模型。

设(U, V, R_α)是双论域模糊相容近似空间。任 $X(X \subseteq V)$，$\alpha \in (0, 1]$，$\beta \in [0, 0.5)$。则 X 关于双论域模糊相容近似空间依精度参数β的下、上近似分别定义为

$$\underline{apr}^\beta_{\widetilde{R}_\alpha}(X) = \left\{ u \in U \,\middle|\, \frac{|\widetilde{R}_\alpha(u) \cap X|}{|\widetilde{R}_\alpha(u)|} \geqslant 1 - \beta \right\},$$

$$\overline{apr}^\beta_{\widetilde{R}_\alpha}(X) = \left\{ u \in U \,\middle|\, \frac{|\widetilde{R}_\alpha(u) \cap X|}{|\widetilde{R}_\alpha(u)|} > \beta \right\}。$$

由上面的定义易知，X 关于模糊相容近似空间的β下近似 $\underline{apr}^\beta_{R_\alpha}(X)$ 中的元素是集合 V 中与元素 $u \in U$ 相关度至少为α，且相对于 X 分类误差不

超过β的元素全体；而 X 关于模糊相容近似空间的β上近似 $\overline{apr}_{R_\alpha}^{\beta}(X)$ 中的元素是集合 V 中与元素 $u\in U$ 相关度至少为α且相对于 X 的分类误差大于β的元素全体。

同时，双论域变精度粗糙模糊集的正域、负域和边界域分别定义如下：

$$Pos_{R_\alpha}^{\beta}(X)=\underline{apr}_{R_\alpha}^{\beta}(X),\qquad Neg_{R_\alpha}^{\beta}(X)=U-\overline{apr}_{R_\alpha}^{\beta}(X),$$

$$Bn_{R_\alpha}^{\beta}(X)=\left\{u\in U\left|\beta<\frac{|R_\alpha(u)\cap X|}{|R_\alpha(u)|}<1-\beta\right.\right\}。$$

定理 2.2.7　设(U, V, R_α)是双论域模糊相容近似空间。任 $X\subseteq V$，$\alpha\in(0, 1]$，$\beta\in[0, 0.5)$。则 X 关于模糊相容近似空间的正域和负域满足如下关系：

$$Pos_{R_\alpha}^{\beta}(X^C)=Neg_{R_\alpha}^{\beta}(X)。$$

定理 2.2.8　设(U, V, R_α)是双论域模糊相容近似空间。任 $X\subseteq V$，$\alpha\in(0, 1]$，$\beta\in[0, 0.5)$。则

(1) $\underline{apr}_{R_\alpha}^{0}(X)=\underline{apr}_{R_\alpha}(X)$；　(2) $\overline{apr}_{R_\alpha}^{0}(X)=\overline{apr}_{R_\alpha}(X)$；

(3) $Bn_{R_\alpha}^{0}(X)=Bn_{R_\alpha}(X)$；　(4) $Neg_{R_\alpha}^{0}(X)=Neg_{R_\alpha}(X)$。

定理 2.2.9　设(U, V, R_α)是双论域模糊相容近似空间。任意 $X\subseteq V$，$\alpha\in(0, 1]$，$\beta\in[0, 0.5)$。则

(1) $\underline{apr}_{R_\alpha}^{\beta}(X)\supseteq\underline{apr}_{R_\alpha}(X)$；　(2) $\overline{apr}_{R_\alpha}^{\beta}(X)\subseteq\overline{apr}_{R_\alpha}(X)$；

(3) $Bn_{R_\alpha}^{\beta}(X)\subseteq Bn_{R_\alpha}(X)$；　(4) $Neg_{R_\alpha}^{0}(X)\supseteq Neg_{R_\alpha}(X)$。

由定理 2.2.8 与定理 2.2.9，下面的结论是显然的。

定理 2.2.10　设(U, V, R_α)是双论域模糊相容近似空间。任意 $X\subseteq V$，$\alpha\in(0, 1]$，$\beta\in[0, 0.5)$。则

(1) $\underline{apr}_{R_\alpha}^{0.5}(X)=\bigcup\limits_{\beta}\underline{apr}_{R_\alpha}^{\beta}(X)$；　(2) $\overline{apr}_{R_\alpha}^{0.5}(X)=\bigcap\limits_{\beta}\overline{apr}_{R_\alpha}^{\beta}(X)$；

(3) $Bn_{R_\alpha}^{0.5}(X)=\bigcap\limits_{\beta}Bn_{R_\alpha}^{\beta}(X)$；　(4) $Neg_{R_\alpha}^{0.5}(X)=\bigcup\limits_{\beta}Neg_{R_\alpha}^{\beta}(X)$。

定理 2.2.7—2.2.10 的证明由定义直接验证即得。

2.3 基于模糊相容关系的双论域模糊粗糙集

在文献[91]中把上面定义的粗糙模糊集模型应用于一个临床医疗诊断决策问题[139]，给出了同时表现出多种可能疾病特征患者的诊断结果，并给出了其决策精度。对医疗诊断决策而言，其决策在于判断某个患者是否患有某个确定的疾病(此时决策对象是某种疾病)，而对某个确定的疾病概念来说，其内涵和外延是明确的。即决策对象是论域上的分明集合。然而，在许多实际的管理决策中，决策对象特征的描述(刻画)并不能精确表达，亦即决策对象是论域上的一个模糊概念。因此，需要讨论具有模糊特征描述概念对象的不确定决策问题。基于此，给出模糊相容近似空间上模糊集合的粗糙集近似。即基于模糊相容关系的双论域模糊粗糙集。

设(U, V, R_α)是双论域模糊相容近似空间。对任意模糊集 $A(A \in F(V))$，定义 A 关于双论域模糊相容近似空间的下、上近似分别为

$$\underline{A}_{R_\alpha}(u) = \min\{A(v) \mid v \in R_\alpha(u),\ u \in U\},$$

$$\overline{A}_{R_\alpha}(u) = \max\{A(v) \mid v \in R_\alpha(u),\ u \in U\}。$$

显然，近似算子 $\underline{A}_{R_\alpha}$与 $\overline{A}_{R_\alpha}$是从$F(V)$到$F(U)$的二元模糊运算。即下近似 $\underline{A}_{R_\alpha}(u)$与上近似 $\overline{A}_{R_\alpha}(u)$是论域$U$上的模糊集。若 $\underline{A}_{R_\alpha}(u) = \overline{A}_{R_\alpha}(u)$对任$u \in U$都成立，则称$A$关于双论域模糊相容近似空间$(U, V, R_\alpha)$是可定义的；否则，称$A$是$(U, V, R_\alpha)$上的模糊粗糙集。

注 2.3.1 若 $\alpha = 1$，则下面的关系成立：

$$R_1(u) = \{v \in V \mid R(u, v) = 1,$$

$$\forall u \in U\} = \{v \in V \mid uRv,\ \forall u \in U\} = r(u)。$$

此时,模糊相容关系 R_α 即为论域 U 与 V 上一般相容关系 r。所以,上面给出的下、上近似分别退化为下面的形式:

$$\underline{A}_{R_\alpha}(u)=\underline{A}_R(u)=\min\{A(v)\mid v\in R(u),\ u\in U\},$$

$$\overline{A}_{R_\alpha}(u)=\overline{A}_R(u)=\max\{A(v)\mid v\in R(u),\ u\in U\}。$$

即基于模糊相容关系的双论域模糊粗糙集退化为双论域上基于一般二元关系的粗糙模糊集。

注 2.3.2　若 $A\in P(V)$,即 A 是论域 V 上分明集,则容易验证下面的关系成立:

$$\underline{A}_{R_\alpha}(u)=\{u\in U\mid R_\alpha(u)\subseteq A\}=\underline{apr}_{R_\alpha}(A),$$

$$\overline{A}_{R_\alpha}(u)=\{u\in U\mid R_\alpha(u)\cap A\neq\varnothing\}=\overline{apr}_{R_\alpha}(A)。$$

此时,基于模糊相容关系的双论域模糊粗糙集退化为双论域粗糙模糊集。因此,基于模糊相容关系的双论域粗糙模糊集是双论域模糊粗糙集的特殊情形。这一结论与单个论域上模糊粗糙集的结论是一致的[103,111,141,144,145]。

注 2.3.3　若 $U=V$,则 R 退化为是论域 U 上的二元模糊关系,进而有 $R_\alpha(u)=\{u'\in U\mid R(u',u)\geqslant\alpha,\ \forall\alpha\in(0,1],\ u\in U\}$。所以,$R_\alpha(u)$ 是论域 U 上的一般二元关系。则上面给出的下、上近似分别退化为下面的形式:

$$\underline{A}_{R_\alpha}(u)=\min\{A(u')\mid u'\in R_\alpha(u),\ u\in U\},$$

$$\overline{A}_{R_\alpha}(u)=\max\{A(u')\mid u'\in R_\alpha(u),\ u\in U\}。$$

此即单个论域上基于一般二元关系的粗糙模糊集模型[140-143]。

与前面两节中类似,这里也可以详细地讨论基于模糊相容关系的双论域模糊粗糙集的基本性质。

定理 2.3.1　设 (U,V,R_α) 是双论域模糊相容近似空间。任 $A,B\in$

$F(U)$,则 $\underline{A}_{R_\alpha}$ 与 $\overline{A}_{R_\alpha}$ 满足下列性质:

(1) $\underline{A \cap B}_{R_\alpha} = \underline{A}_{R_\alpha} \cap \underline{B}_{R_\alpha}$, $\quad \overline{A \cup B}_{R_\alpha} = \overline{A}_{R_\alpha} \cup \overline{B}_{R_\alpha}$;

(2) $\underline{A \cup B}_{R_\alpha} \supseteq \underline{A}_{R_\alpha} \cup \underline{B}_{R_\alpha}$, $\quad \overline{A \cap B}_{R_\alpha} \subseteq \overline{A}_{R_\alpha} \cap \overline{B}_{R_\alpha}$;

(3) $(\underline{A}_{R_\alpha})^C = \overline{A^C}_{R_\alpha}$, $\quad \underline{A^C}_{R_\alpha} = (\overline{A}_{R_\alpha})^C$;

(4) 若 $A \subseteq B$, 则 $\underline{A}_{R_\alpha} \subseteq \underline{B}_{R_\alpha}$, $\overline{A}_{R_\alpha} \subseteq \overline{B}_{R_\alpha}$。

证明 由定义直接验证可得。

同样,与 2.2.1 节中类似,也可以讨论基于模糊相容关系双论域模糊粗糙集的其他相关结论,其与 2.2.1 节中的相应结论完全类似。

2.4 基于模糊相容关系双论域模糊粗糙集的应急决策模型与方法

本节把基于模糊相容关系的双论域模糊粗糙集应用于突发事件的应急决策问题,尝试给出不确定环境下一种新的应急决策模型与方法。

2.4.1 模型建立

根据 2.1 节中关于突发事件实时应急决策问题特征的描述,下面我们利用 2.3 节中定义的基于模糊相容关系双论域模糊粗糙集给出具有 2.1 节中所描述特征的应急决策问题的决策模型与方法。

设论域 $U = \{x_1, x_2, \cdots, x_m\}$ 是某突发事件(如地震、洪水)发生区域中受影响的特定地点(如汶川大地震、舟曲泥石流等灾害中受灾的特定地点)集。这些特定的受灾地点是依据行政区划或依据其地理特征分布而确定,亦即 $x_1, x_2, \cdots, x_m$ 是突发事件发生区域中亟待救援的特定地点。而论域 $V = \{y_1, y_2, \cdots, y_n\}$ 则是关于某类突发事件(如地震、洪水)所造成影响结果的一般性特征指标集,如受灾人数、经济损失、基础设施损毁程度、灾后气象条件、疫病暴发的可能性等。

根据国内外具有类似地理特征区域中同类突发事件在若干时间段内的历史统计数据可获得突发事件(如地震、洪水)发生后特定地点 $x_i(i=1, 2, \cdots, m)$ 与其所受影响的一般性特征指标 $y_j(j=1, 2, \cdots, n)$ 的相关性度量 $R(x_i, y_j)$(即受突发事件影响的区域中特定地点 $x_i(i=1, 2, \cdots, m)$ 各个特征指标的定量化数值刻画)。显然,$0 \leqslant R(x_i, y_j) \leqslant 1$,且 $R(x_i, y_j) \in F(U \times V)$。

一般而言,受突发事件影响地区的一般性特征指标 y_j 可以看成是一个收益型的指标,则相关性度量 $R(x_i, y_j)$ 值越大表示受影响地点 x_i 在特征指标 y_j 上的特征越显著。比如,若 y_1 表示突发事件造成的受灾人数,则 $R(x_i, y_1)$ 是关于灾害点 x_i 的受灾人数的定量描述,其值越大表明受灾人数越多,反之亦然。

设 $A \in F(V)$ 是突发事件发生后决策者获得的关于受灾区域基本特征指标的不完备性信息描述集。如2.1节中所描述,$A \in F(V)$ 是关于各个受灾地点基本特征指标定量描述的模糊信息。所以,A 是特征指标集 V 上的模糊集。

突发事件应急决策最明显的特征是时间紧迫。同时,由于受各种主、客观因素的综合制约使得在突发事件发生后第一时间内获取的实时决策信息可能并不是突发事件发生区域中真实情景的反应,亦即这些信息可能是失真的信息。同时,决策者在高度的时间压力下甄别这些信息的真伪并不现实。所以,决策者是在含有可能失真信息的基础上进行实时应急决策。因此,决策者在做出应急决策之前首先应当根据自己的判断或者专家小组的建议等给出突发事件发生后第一时间内收集到信息的可信度水平 $0 < \alpha \leqslant 1$,亦即决策信息的可靠度。

对任意 $x_i \in U$, $0 < \alpha \leqslant 1$,我们获得了论域 V 上的分明子集 $R_\alpha(x_i) \subseteq V$。所以,我们构建了应急决策的双论域模糊近似空间 (U, V, R_α)。则由2.3

节中定义的基于模糊相容关系的双论域模糊粗糙集模型，可获得反映受灾区域影响程度的模糊集 $A(A \in F(V))$ 关于 (U, V, R_α) 的下、上近似分别为

$$\underline{A}_{R_\alpha}(x_i) = \min\{A(y_j) \mid y_j \in R_\alpha(x_i), x_i \in U\},$$

$$\overline{A}_{R_\alpha}(x_i) = \max\{A(y_j) \mid y_j \in R_\alpha(x_i), x_i \in U\}。$$

由 2.3 节的讨论可知，$\underline{A}_{R_\alpha}$ 与 $\overline{A}_{R_\alpha}$ 是突发事件影响区域中不同受灾地点集合 U 上的模糊集。所以，我们获得了在决策信息置信度 α 水平下关于突发事件发生后各个地点受灾程度的最悲观和最乐观的综合评价（亦即受灾程度的综合排序）。

给出如下记号：

$$T_1 = \{i \mid \max_{x_i \in U} \underline{A}_{R_\alpha}(x_i)\};$$

$$T_2 = \{i \mid \max_{x_i \in U} \overline{A}_{R_\alpha}(x_i)\};$$

$$T_3 = \{i \mid \max_{x_i \in U} \{\underline{A}_{R_\alpha}(x_i) + \overline{A}_{R_\alpha}(x_i)\}\}。$$

事实上，这里给出的指标集的依据本质上是经典非确定型决策中的最小最大(max - min)准则(T_1)、最大最大(max - max)准则(T_2)和等可能准则(T_3)（此处，为了简化表示略去了权值 $\frac{1}{2}$）。

依据上面的记号，给出如下决策规则：

(1) 若 $T_1 \cap T_2 \cap T_3 \neq \varnothing$，则第 i $(i \in T_1 \cap T_2 \cap T_3)$ 个地点受影响最严重，其应作为决策者优先考虑的救援对象，其决策精度为 $\alpha \times 100\%$；

(2) 若 $T_1 \cap T_2 \cap T_3 = \varnothing$，则有如下两种情形：

(a) 若 $T_1 \cap T_2 \neq \varnothing$，则第 j $(j \in T_1 \cap T_2)$ 个地点受影响最严重，其应作为决策者优先考虑的救援对象，其决策精度为 $\alpha \times 100\%$；

(b) $T_1 \cap T_2 = \varnothing$，则第 $k(k \in T_3)$ 个地点受影响最严重，其应作为决

策者优先考虑的救援对象，其决策精度为 $\alpha \times 100\%$。

一般地，由 2.3 中给出的定义知，对任意 $x_i \in U$，$0 < \alpha < 1$，$\underline{A}_{R_\alpha}(x_i) \leqslant \overline{A}_{R_\alpha}(x_i)$ 成立。因此，若 $T_1 \cap T_2 = \varnothing$，则不可能出现 $T_1 \cap T_3 \neq \varnothing$ 或者 $T_2 \cap T_3 \neq \varnothing$ 的情形。所以，上面的决策规则是合理的。

特别是，若 $T_1 \cap T_2 \cap T_3$，$T_1 \cap T_2$ 与 T_3 为非单点集，则对其相应的受影响地点的决策应该给予相同程度的考虑。

下面给出基于模糊相容关系双论域模糊粗糙集的应急决策模型的算法。

输　入　应急决策的双论域模糊相容近似决策空间 (U, V, R_α)。

输　出　最优应急决策。

第 1 步　对预先给定的置信度 α，计算模糊相容类 $R_\alpha(x_i)$ $(x_i \in U)$。

第 2 步　计算特征指标模糊集 A 关于(U, V, R_α)的下近似$\underline{A}_{R_\alpha}$ 与上近似 $\overline{A}_{R_\alpha}$。

第 3 步　计算指标集 T_1，T_2 与 T_3。

第 4 步　计算 $T_1 \cap T_2 \cap T_3$，并根据决策规则(1)与(2)给出决策结论。

2.4.2　应用算例

本节以某突发事件发生后的实时应急决策为例，说明本章给出的应急决策模型应用过程和主要步骤。

设 $U = (x_1, x_2, x_3, x_4, x_5, x_6)$ 是某突发事件发生后该区域中受影响的 6 个特定的地点。$V = \{$受灾人数(y_1)，经济损失(y_2)，次生灾害危险度(y_3)，交通受损程度(y_4)，其他相关设施受损程度(y_5)，疫病暴发可能性$(y_6)\}$ 是刻画相应突发事件影响的 6 个主要的一般性特征指标。则每个地点 $x_i(i = 1, 2, \cdots, 6)$ 受影响程度可通过刻画该突发事件影响的 6 个一般性特征指标的数值来表示。亦即相关度 $R(x_i, y_j)$ $(i, j = 1, 2, \cdots, 6)$ 的数值如表 2-1 所示(数据由国内外具有类似地理特征区域中同类突发事件在若干时间段内的历史统计数据并结合获取的实时信息给出)。

表 2-1　相关度 $R(x_i, y_j)$

U/V	y_1	y_2	y_3	y_4	y_5	y_6
x_1	0.8	0.6	0.4	0.7	0.3	0.2
x_2	0.7	0.3	0.2	0.5	0.8	0.6
x_3	0.5	0.2	0.6	0.3	0.7	0.1
x_4	0.4	0.6	0.5	0.7	0.5	0.3
x_5	0.3	0.5	0.7	0.3	0.6	0.8
x_6	0.1	0.7	0.8	0.6	0.3	0.2

设 A 是描述新发生突发事件的特征信息集,根据突发事件发生后第一时间内获得的不完备信息,可给出反映突发事件主要特征指标的数值指标。如前述,A 是论域 V 上的模糊集合,假定决策者给出的隶属度(由 2.1 节中的分析可知,该隶属度的确定可以参照已有同类模糊集的定义计算并考虑决策者的实际主观判断确定)如下:

$$A=\frac{0.6}{y_1}+\frac{0.7}{y_2}+\frac{0.6}{y_3}+\frac{0.3}{y_4}+\frac{0.8}{y_5}+\frac{0.7}{y_6}$$

首先,我们取实时决策信息的置信度水平 $\alpha=0.5$,则论域 U 与 V 上的模糊相容类 $R_{0.5}(x_i)$ 为

$R_{0.5}(x_1)=\{y_1, y_2, y_4\}$;　　$R_{0.5}(x_2)=\{y_1, y_4, y_5, y_6\}$;

$R_{0.5}(x_3)=\{y_1, y_3, y_5\}$;　　$R_{0.5}(x_4)=\{y_2, y_3, y_4, y_5\}$;

$R_{0.5}(x_5)=\{y_2, y_3, y_5, y_6\}$; $R_{0.5}(x_6)=\{y_2, y_3, y_4\}$。

则由 2.3 节中关于双论域模糊粗糙集下、上近似的定义可得模糊集 A 关于应急决策的双论域模糊相容近似空间 (U, V, R_α) 的下、上近似分别为

$$\underline{A}_{R_{0.5}} = \frac{0.3}{x_1} + \frac{0.3}{x_2} + \frac{0.6}{x_3} + \frac{0.3}{x_4} + \frac{0.6}{x_5} + \frac{0.3}{x_6};$$

$$\overline{A}_{R_{0.5}} = \frac{0.7}{x_1} + \frac{0.8}{x_2} + \frac{0.8}{x_3} + \frac{0.8}{x_4} + \frac{0.8}{x_5} + \frac{0.7}{x_6}。$$

故，可计算得指标集 T_1，T_2 与 T_3 分别为

$$T_1 = \{3, 5\}; \qquad T_2 = \{2, 3, 4, 5\}; \qquad T_3 = \{3, 5\}。$$

则容易验证有 $T_1 \cap T_2 \cap T_3 = \{3, 5\} \neq \varnothing$。

所以，由 2.4.2 节中给出的决策规则可知第 3 和第 5 个地点受影响最为严重，因而应作为救援的重点对象优先考虑。此时，决策精度为 50%。

其次，我们取实时决策信息的置信度水平 $\alpha = 0.7$，则论域 U 与 V 上的模糊相容类 $R_{0.7}(x_i)$ 为

$$R_{0.7}(x_1) = \{y_1, y_4\}; \qquad R_{0.7}(x_2) = \{y_1, y_5\};$$

$$R_{0.7}(x_3) = \{y_5\}; \qquad R_{0.7}(x_4) = \{y_4\};$$

$$R_{0.7}(x_5) = \{y_3, y_6\}; \qquad R_{0.7}(x_6) = \{y_2, y_3\}。$$

则可得模糊集 A 关于应急决策的双论域模糊相容近似空间 (U, V, R_α) 的下、上近似分别为

$$\underline{A}_{R_{0.7}} = \frac{0.3}{x_1} + \frac{0.6}{x_2} + \frac{0.8}{x_3} + \frac{0.3}{x_4} + \frac{0.6}{x_5} + \frac{0.6}{x_6};$$

$$\overline{A}_{R_{0.7}} = \frac{0.6}{x_1} + \frac{0.8}{x_2} + \frac{0.8}{x_3} + \frac{0.3}{x_4} + \frac{0.7}{x_5} + \frac{0.7}{x_6}。$$

故，可计算得指标集 T_1，T_2 与 T_3 分别为

$$T_1 = \{3\}; \qquad T_2 = \{2, 3\}; \qquad T_3 = \{3\}。$$

则容易验证有 $T_1 \cap T_2 \cap T_3 = \{3\} \neq \varnothing$。

所以，由 2.4.2 节中给出的决策规则可知第 3 个地点受影响最为严重，

因而应作为救援的重点对象优先考虑。此时,决策精度为70%。

由上面的计算结果容易看出,随着实时决策信息置信度水平的增加,决策结果亦更具体、更准确;反之亦然。这一点与传统决策理论的结果以及实际决策经验相一致。

2.5 本章小结

本章通过引入一个置信度参数α,定义了一个双论域上的模糊相容关系。进而,在双论域粗糙集的框架下系统地研究了基于模糊相容关系的粗糙集理论,提出了基于模糊相容关系的双论域粗糙模糊集、双论域程度粗糙模糊集、双论域变精度粗糙模糊集,并详细地讨论其基本性质及与已有双论域粗糙集模型之间的关系。在此基础上,给出了基于模糊相容关系的双论域模糊粗糙集模型,并讨论了其基本性质。研究表明,基于模糊相容关系的双论域模糊粗糙集包含了双论域粗糙模糊集。

同时,以应急管理中突发事件实时应急决策问题为管理背景展开应用研究。在分析突发事件实时应急决策问题本质特征的基础上,把突发事件实时应急决策问题转化为一个双论域模糊相容近似空间上的模糊决策问题,进而提出了基于模糊相容关系双论域模糊粗糙集的实时应急决策模型,并给出了决策规则。通过一个数值算例说明了本章给出应急决策模型的步骤并验证了该决策方法的有效性。

综上,本章主要有两个方面的研究工作:

① 系统地建立了基于模糊相容关系双论域模糊粗糙集理论;

② 利用本章提出的双论域模糊粗糙集模型,给出了不确定环境下突发事件实时应急决策问题一种新的决策模型与方法。

第3章 双论域模糊粗糙集及应急物资需求预测

3.1 引　　言

一般而言，对于突然发生的重大突发事件而言，充足和全面的应急物资供应是实现快速、有效应急救援的先决条件。然而，由于突发事件发生的不确定性使得人们事先并不清楚特定突发事件应急救援物资的需求数量以及需求结构。因此，在突发事件突然发生之后展开应急救援之前科学的预测应急救援物资的需求数量成为有效处置突发事件的首要任务。

预测，作为一种探索未来活动的科学理论与方法产生至今已有一个多世纪的时间，其能够科学地指导帮助人们制定未来的发展计划，有效地应对未来可能出现的不确定危机情景。由于突发事件的应急决策面临着决策信息不充分、时间紧迫、资源有限以及高度的紧张和不确定性，因此如何在时间、信息和资源等客观条件限制的约束下做出比较科学的应急决策成为有效控制危机蔓延，尽可能减少损失的关键环节。同时，准确的突发事件应急物资需求预测将为及时开展有效的危机救援确定坚实的物资保障基础。

尽管迄今已有许多关于应急物资需求预测的研究，并提出了许多模型和方法,但是对于应急物资需求预测的研究仍然没有较为成熟和完备的理论与方法。目前,所有关于应急物资需求预测的研究中均有一个共同的假设：在突发事件类型相同、发生环境相似、应急处理方式相同的前提下,应急物资的需求也是相近的[112]。而已有研究中的处理模型与方法之间的区别在于利用的理论知识和模型的表述方式存在差异等。本章把双论域模糊粗糙集理论应用于突发事件应急物资需求预测问题,在研究其基本性质的同时给出一种基于双论域模糊粗糙集的应急物资需求预测模型与方法。

3.2 双论域模糊粗糙集

称模糊子集 $R \in F(U \times V)$ 是论域 U 与 V 上的二元模糊关系。任意 $x \in U$, $y \in V$,称 $R(x, y)$ 是元素 x 与 y 的相关度。一般地,对任意 $x \in U$,若存在 $y \in V$,使得 $R(x, y) = 1$,则称 R 是论域 U 与 V 上的串行二元模糊关系[91,108,111]。

基于双论域上二元模糊关系的概念,刘贵龙[90]给出如下形式的双论域模糊粗糙集定义。

设 U, V 是非空有限论域,R 是论域 U 与 V 上的二元模糊关系。称三元组 (U, V, R) 是双论域模糊近似空间。对任意 $A \in F(V)$,A 关于 (U, V, R) 的下近似 $\underline{R}(A)$ 与上近似 $\overline{R}(A)$ 均为论域 U 上的模糊集,其隶属度分别定义如下：

$$\underline{R}(A)(x) = \wedge \{[(1 - R(x, y)) \vee A(y)] \mid y \in V\}, \quad x \in U,$$

$$\overline{R}(A)(x) = \vee \{[R(x, y) \wedge A(y)] \mid y \in V\}, \quad x \in U,$$

若对任意 $x \in U$, $\underline{R}(A)(x) = \overline{R}(A)(x)$ 成立。则称模糊集 A 关于 $(U,$

V, R) 是可定义的；否则，称有序集对($\underline{R}(A), \overline{R}(A)$) 是双论域上的模糊粗糙集。

注 3.2.1　若论域 U 与 V 均为无限集，则上面定义的双论域模糊粗糙集的上下近似集隶属度由下面的公式计算：

$$\underline{R}(A)(x) = \inf\{[(1-R(x, y)) \vee A(y)] \mid y \in V\}, \quad x \in U,$$

$$\overline{R}(A)(x) = \sup\{[R(x, y) \wedge A(y)] \mid y \in V\}, \quad x \in U,$$

注 3.2.2　若二元模糊关系 $R \in F(U \times V)$ 退化为论域 U 与 V 上的精确二元关系。则 $R(x, y) = r(x) = \{y \in V \mid xRy, \forall x \in U\}$。因此，双论域模糊粗糙集将退化为双论域上的粗糙模糊集，其上下近似集分别定义如下：

$$\underline{R}(A)(x) = \wedge \{A(y) \mid y \in V\}, \quad x \in U,$$

$$\overline{R}(A)(x) = \vee \{A(y) \mid y \in V\}, \quad x \in U,$$

进一步，若 U 与 V 均为无限集合，则

$$\underline{R}(A)(x) = \inf\{A(y) \mid y \in V\}, \quad x \in U,$$

$$\overline{R}(A)(x) = \sup\{A(y) \mid y \in V\}, \quad x \in U。$$

显然，由上面的分析易知双论域模糊粗糙集模型是经典模糊粗糙集以及粗糙模糊集的自然推广[111]。

在文献[90]中，作者基于二元模糊关系 $R \in F(U \times V)$ 定义了双论域 U 与 V 上的独立子集。利用独立子集的概念系统地讨论了双论域模糊粗糙集的基本性质。其主要结论与经典单个论域上模糊粗糙集的性质类似。

这里我们在单个论域模糊粗糙集的基本理论基础上[110,111]，基于论域 U 与 V 上的二元模糊关系 $R \in F(U \times V)$ 的不同性质给出双论域上二元模糊下近似 $\underline{R}(A)$ 与上近似 $\overline{R}(A)$ 一个重要的基本性质。

一般而言，由于双论域上的二元模糊关系 $R \in F(U \times V)$ 与单个论域上的模糊关系性质并不相同，故 $\underline{R}(A) \subseteq A \subseteq \overline{R}(A)$ 这一性质并不正确，对于单个论域而言其是成立的。因此，有下面的结论。

定理 3.2.1 设 (U, V, R) 是双论域模糊近似空间。对任意 $A \in F(V)$，若 R 是论域 U 与 V 上的串行二元模糊关系，则下面的结论成立：

(1) $\underline{R}(\varnothing) = \varnothing$， $\overline{R}(V) = U$；

(2) $\underline{R}(A) \subseteq \overline{R}(A)$。

证明 由定义直接验证即可。

3.3 基于双论域模糊粗糙集的应急物资需求预测

3.3.1 基本思想

本章所给出的模型与方法仍然基于已有关于应急物资需求预测研究的共同假设：拥有类似特征的突发事件具有相似的物资需求数量。本书的主要思想和处理过程简要表述如下。

首先，选取同类突发事件（如地震、飓风等）的特征因素（由于信息的缺乏对突发事件特征的描述可能是定性的语言值），给出这些由定性语言表述的特征因素的定量表示（刻画）。由于这些定性语言表述的特征因素并不能够利用精确的数学变量进行定量化的表示，因此其定量的表示（刻画）是模糊集。

其次，对某个新发生的突发事件，根据在第一时间内获得的关于突发事件主要特征定性语言描述的不完备、不准确的实时信息给出其关于同类突发事件基本特征因素的模糊表示。即新发生突发事件关于同类事件基本特征因素的模糊隶属度。

最后，在上述工作的基础上构造突发事件应急物资需求预测的双论域模糊近似空间。利用双论域模糊粗糙集的定义可获得新发生突发事件关于应急物资需求预测的双论域模糊近似空间的一对模糊集(上近似模糊集与下近似模糊集)。进而，计算新发生突发事件与已有同类突发事件之间的相似度，结合经典非确定型决策中风险决策的思想和模糊集理论中最大隶属度原理给出最优决策。

由上面的基本原理分析易知，基于双论域模糊粗糙集的应急物资需求预测方法给出的突发事件物资需求预测结论仅仅是处置突发事件的决策基础。尽管属于同类突发事件且其基本特征类似，处置手段和方法以及处置程序等基本相同，但是由于其他客观影响因素的制约(如事件的规模、突发事件发生区域环境承载力等)使得每一个突发事件所需的物资并不完全一致。因此，实际的应急物资需求数量是决策者依据预测的基本结果并结合决策者对突发事件实时情景的判断给出适当调整之后确定最终的实际需求数量。

3.3.2　模型建立

基于前面关于突发事件应急物资需求预测原理和思想的描述，我们利用双论域模糊粗糙集的基本理论建立应急物资需求预测的模型。

(1) 根据前面的描述易知应急物资需求预测问题中本质上涉及两类对象集合：已发生同类突发事件集合以及同类突发事件的基本特征集合。下面，在双论域的框架下给出应急物资需求预测的建模过程。

设 $U=\{x_1, x_2, \cdots, x_m\}$ 是已发生且成功处置了的 m 个同类突发事件集(如地震、飓风等)。$V=\{y_1, y_2, \cdots, y_n\}$ 是该 m 个同类突发事件所共有的基本特征因素集。设 $R \in F(U \times V)$ 是论域 U 与 V 上的二元模糊关系。此处 $R(x_i, y_j)$ $(x_i \in U, y_j \in V)$ 则表示突发事件 x_i 与特征因素 y_j 之间的相关度。亦即，突发事件 x_i 相对于特征因素 y_j 的模糊隶属度。

设 A 是新发生的某个突发事件。如前面分析，由于时间紧迫而使得决策者根据获得的不完备、不准确的实时信息只能给出新发生突发事件 A 关于此类突发事件基本特征因素一个不精确的模糊性描述。即 A 是论域 V 上的一个模糊集，亦即 $A \in F(V)$。

基于上面的描述，构造了突发事件应急物资需求预测的双论域模糊决策信息系统(U, V, R, A)。为方便叙述，称(U, V, R, A)为应急物资需求预测决策信息系统。

(2) 利用双论域模糊粗糙集的基本理论计算模糊集 $A(A \in F(V))$ 关于应急物资需求预测决策信息系统(U, V, R, A)的下近似集 $\underline{R}(A)$ 与上近似集 $\overline{R}(A)$。由 4.2 节中双论域模糊粗糙集的基本理论知 $\underline{R}(A)$ 与 $\overline{R}(A)$ 是论域 U 上的模糊集。

记

$$T_1 = \{i \mid \max_{x_i \in U}\{\underline{R}(A)(x_i)\}\};$$

$$T_2 = \{j \mid \max_{x_j \in U}\{\overline{R}(A)(x_j)\}\};$$

$$T_3 = \{k \mid \max_{x_k \in U}\{\underline{R}(A)(x_k) + \overline{R}(A)(x_k)\}\}。$$

与第 2 章中给出的决策方法中指标集的解释类似，这里给出的指标集的依据本质上亦是经典运筹学中非确定型决策原理中的最小最大(max－min)准则(T_1)、最大最大(max－max)准则(T_2)和等可能准则(T_3)(此处，为了简化略去了权值 $\frac{1}{2}$)。

(3) 根据(1)与(2)，利用模糊数学中的最大隶属原理，给出基于双论域模糊粗糙集的应急物资需求预测决策规则：

若对于任意突发事件 $x_i(x_i \in U)$，至少存在一个特征因素 $y_j(y_j \in V)$，使得 $R(x_i, y_j) = 1$ 成立。则由定理 4.2.1 知，$\underline{R}(A) \subseteq \overline{R}(A)$ 对任意 $x_i(x_i \in U)$ 均成立。故有下面的决策规则①与②：

① 若 $T_1 \cap T_2 \cap T_3 \neq \varnothing$,则 $x_i(i \in T_1 \cap T_2 \cap T_3)$ 与新发生突发事件 A 相似度最大;所以,新发生突发事件 A 的应急物资需求与突发事件 x_i 的物资需求类似。

② 若 $T_1 \cap T_2 \cap T_3 = \varnothing$,则有如下两种情形:

(Ⅰ)若 $T_1 \cap T_2 \neq \varnothing$,则 $x_i(i \in T_1 \cap T_2)$ 与新发生突发事件 A 相似度最大;所以,新发生突发事件 A 的应急物资需求与突发事件 x_i 的物资需求类似。

(Ⅱ)若 $T_1 \cap T_2 = \varnothing$,则 $x_i(i \in T_3)$ 与新发生突发事件 A 相似度最大;所以,新发生突发事件 A 的应急物资需求与突发事件 x_i 的物资需求类似。

③ 若对任意突发事件 $x_i(x_i \in U)$,不存在特征因素集 V 中任意一个特征因素 $y_j(y_j \in V)$,使得 $R(x_i, y_j) = 1$ 成立。则 $x_i(i \in T_2)$ 与新发生突发事件 A 相似度最大。因此,新发生突发事件 A 的应急物资需求与突发事件 x_i 的物资需求类似。此时,该决策规则与文献[90]中作者提出的基于双论域模糊粗糙集的多标准模糊决策的决策规则一致。

注 3.3.1　若指标集 $T_1 \cap T_2 \cap T_3$, $T_1 \cap T_2$ 与 T_3 是非单点集合,则任意选取其中之一作为最优决策即可。

正如前面分析中指出:依据最大隶属原理获得的决策结果只是决策者确定新发生突发事件应急物资需求数量的决策基础,实际中这一数量由于同类突发事件发生的客观制约因素不同而对物资需求数量略有差异。即新发生突发事件 A 与具有最大相似度的突发事件 $x_i(x_i \in U)$ 的应急物资需求数量并不完全一致。因此,实际的需求数量由决策者根据突发事件 A 的实时情景依据 $x_i(x_i \in U)$ 的需求数量进行适当的调整即可。

3.3.3　模型算法

为了使本书提出的模型与方法适应现实中大规模问题的程序化求解

的需要，给出基于双论域模糊粗糙集的应急物资需求预测模型的算法。

输　入　应急物资需求预测决策信息系统 (U, V, R, A)。

输　出　最大相似度突发事件。

第1步　计算论域 V 上的模糊集 A 关于双论域模糊近似空间 (U, V, R) 的下近似集 $\underline{R}(A)$ 与上近似集 $\overline{R}(A)$。

第2步　计算指标集 T_1, T_2, T_3 并判断条件 $R(x_i, y_j)=1$。

第3步　计算 $T_1 \cap T_2 \cap T_3$, $T_1 \cap T_2$。

第4步　依据 $T_1 \cap T_2 \cap T_3$, $T_1 \cap T_2$ 的计算结果给出最优决策结果。

3.3.4　数值算例

本节通过一个地震应急物资需求预测的数值算例，说明基于双论域模糊粗糙集的应急物资需求预测方法的基本原理和步骤，并验证其结果。

设决策者拥有已经发生过的4次具有相似烈度的地震(发生于不同时间不同区域的地震，可以是整个世界范围内的相似地震事件)数据信息以及与之相关的应急物资需求信息等。即 $U=\{x_1, x_2, x_3, x_4\}$，其中每次地震的基本信息包括应急物资需求的数量、质量以及结构等。

假设对于具有相似烈度的地震选取5个主要反映地震实时情景信息的特征因素。即 $V=\{y_1, y_2, y_3, y_4, y_5\}$。其中 y_1 表示震级大小；y_2 表示地震持续时间；y_3 表示地震波及范围；y_4 表示震区人口密度；y_5 表示震区经济状况。

一般而言，在现实的应急决策实践中人们惯常的决策方式是：对于具有大致相似烈度的每次地震而言，其应急救援的目标、方法及处置过程也基本相似。

此外，对于已经发生的4次具有相似烈度的地震与刻画地震实时情景信息的 5 个主要特征因素之间的相关度(即隶属度 $R(x_i, y_j)$)结果列于表 3-1。

表 3-1　地震 x_i 与特征因素 y_j 的相关度

U/V	y_1	y_2	y_3	y_4	y_5
x_1	1.0	0.8	0.3	0.9	0.6
x_2	0.6	0.3	0.8	1.0	0.4
x_3	0.4	0.6	0.5	1.0	0.8
x_4	1.0	0.5	0.6	0.3	0.7

此处取反映地震实时情景信息的特征因素指标都属于收益型(对于成本型指标统一转换为收益型指标)。因此,其数值越大,表明对应特征因素越明显;反之亦然。

通过上面的描述和相关假设条件,构建了地震应急物资需求预测的双论域模糊决策信息系统 (U, V, R, A)。

设 A 是某地区突发的地震应急事件。由于地震发生时间、地点的随机性以及与地震事件自身相关的基本特征(如强度、破坏性等)的不确定性,因此在地震事件 A 发生后的第一时间内决策者所获得的反映地震实时情景特征的信息是不完备、不准确的模糊性表述。即 A 是特征因素集 V 上的模糊集。

假设决策者根据所获得的不完备的实时信息给出 A 关于特征因素的定量化数值表示(即模糊集 A 关于集合 V 中元素的隶属度)如下:

$$A=\frac{0.6}{y_1}+\frac{0.5}{y_2}+\frac{0.3}{y_3}+\frac{0.7}{y_4}+\frac{0.2}{y_5}。$$

进而,由双论域模糊粗糙集基本定义,可得 A 关于双论域模糊近似空间 (U, V, R) 的下、上近似集分别为

$$\underline{R}(A) = \frac{0.4}{x_1} + \frac{0.3}{x_2} + \frac{0.2}{x_3} + \frac{0.3}{x_4};$$

$$\overline{R}(A) = \frac{0.7}{x_1} + \frac{0.7}{x_2} + \frac{0.7}{x_3} + \frac{0.6}{x_4}。$$

由表 3-1 可知，对 $x_i(i=1, 2, 3, 4)$，存在 $y_j(j=1, 2, 3, 4, 5)$，使得 $R(x_i, y_j)=1$ 满足。因此，定理 3.2.1 中的结论(1)与(2)成立。则由 3.3.2 节中模型建立的步骤(3)可得指标集 T_1，T_2，T_3 分别如下：

$$T_1 = \{1\}, \qquad T_2 = \{1, 2, 3\}, \qquad T_3 = \{3\}。$$

因此，$T_1 \cap T_2 \cap T_3 = \{1\} \neq \varnothing$。

所以，由 3.3.2 节中给出的决策规则有如下结论。

新发生的地震事件 A 与以往发生过的地震 x_1 具有最大的相似度；则地震 x_1 所对应的应急救援物资的需求数量即为新发生的地震事件 A 所需的物资的基本需求数量。基于地震 x_1 的需求数量，决策者根据新发生的地震事件 A 的实时情景信息对其进行适当的调整即可确定实际的需求数量。其决策结果中包含需求物资的数量、质量以及物资结构等信息。

事实上，实际中没有任何两个突发地震事件所需要的应急物资是完全相同的。一方面，现实中任何两个地震事件不可能具有完全相同的基本特征(如震级大小、震源深度和地震烈度等)。另一方面，地震造成的破坏程度也因不同区域的地理特征(如人口密度、建筑物质量和区域内的地质构造)而不同，故即便是具有相同基本特征的两个地震事件也不可能具有完全相同的应急救援物资需求。所以，上面给出的预测结果只是确定新发生地震事件应急物资需求数量的基础依据，实际的需求数量需要决策者对实时的情景特征和信息进行定性判断基础上结合定量模型预测结果而确定。

因此，利用基于双论域模糊粗糙集的应急物资需求预测模型给出了地震应急物资需求预测一种新的方法。

3.4 本章小结

突发事件应急物资需求预测是应急管理中的核心问题之一，也是决策者制定具有针对性、可行性实时应急救援决策方案的先决条件。通过科学地预测特定突发事件应急救援的物资需求数量，一方面能够使有限的资源做到物尽其用；另一方面，为最大限度发挥各种救援力量和能力、尽可能减少灾害引起的各种损失提供充分的技术支持和后勤保障。

本章把双论域模糊粗糙集理论应用于应急管理中应急物资需求预测的不确定性决策问题，在对双论域模糊粗糙集理论进行深入研究的基础上给出了一种利用双论域模糊粗糙集进行突发事件应急物资需求预测的方法；给出了应急物资需求预测的模型以及决策规则并通过数值算例验证了模型的建立、求解以及最优决策规则的获取等过程。双论域模糊粗糙集模型能够有效地处理不完备、不精确以及模糊性对象的不确定性决策问题。因此，本章建立的预测模型能够帮助决策者在信息不完备的应急状态下做出比较科学的实时决策。

尽管目前已经有许多比较成熟的预测模型与方法，如灰色预测、时间序列、基于案例推理等。然而，由于突发事件决策信息的高度缺乏和不精确性，而传统的方法或者需要足够多且符合相同概率分布的大样本数据，或者需要根据不同的变量描述选择不同的贴近度计算公式等，这些都限制了其在突发事件应急物资需求预测研究中的应用。从这个意义上说，本书给出的预测方法能够避免传统预测方法的上述局限性。

事实上，预测方法的选择对最终的预测结果起着至关重要的作用。对于同一个预测问题，运用不同的预测方法可以获得大致相似的结果，也可能在相同的假设条件下获得完全不同的结果。其主要取决于决策者的主观判断和预测模型的选取等。本章给出的应急物资需求预测的双论域模糊粗糙集方法是把粗糙集理论应用于应急决策的初步尝试。因此，未来的研究中，一方面将在粗糙集的理论框架下构建其他的预测模型；另一方面，如何评价不同预测模型以及模型的选择标准确定亦是一个值得深入研究的方向。

第4章 双论域直觉模糊粗糙集及应急物资调度决策

4.1 引　　言

面对突发的重大事件，尤其是各种突发的重大自然灾害如地震、飓风、洪水等，如何科学地调度有限的应急物资，使有限的应急物资得以优化配置，发挥最好的救援效果是应急决策中的又一个关键问题。迄今为止，关于突发事件应急物资调度决策问题受到了许多学者的关注。根据不同突发事件情景的假设条件确定了与之对应的应急物资调度优化目标，根据优化目标建立了各种各样的应急物资调度模型与方法。如“应急开始时间最早”的多出救点模型[146]、“应急时间最短”和“应急出救点数目最少”的多出救点模型[147-150]、多资源多出救点模型[66]、不确定性时间的多资源连续消耗应急时间最早模型以及突发事件应急救援中资源调度的车辆路径优化等[151-161]。

目前，关于应急物资调度模型与方法研究的基本思路是：针对突发事件的基本特征，事先假设特定的突发事件情景并给出限定条件，运用不同的理论建立符合限定条件的数学模型并给出最优决策方案。本章以突发事件应急物资调度决策为研究对象，在双论域粗糙集的理论框架下，利用双论域直觉模糊粗糙集给出一种新的应急物资调度配置模型与方法。

本章所考虑的应急物资调度配置决策问题具有如下特征：设在突发事件发生的特定区域之外有事先建立的多个应急物资储备中心，根据特定的标准(行政区划或者地理时空分布等)把发生突发事件的区域划分成若干个急需应急物资的受灾点，同时假设每个物资储备中心都可以给每个受灾点提供应急物资，不同物资储备中心各自的规模、应急物资的储备结构、与受灾区域的距离等不相同，每个受灾点急需的应急物资种类结构亦不同。在上述突发事件情景假设的条件下，如何确定与受灾点应急物资需求结构特点最匹配(相似)的物资储备中心以提供该受灾点最急需的物资，使每个物资储备中心充分发挥其比较优势，实现有限物资的优化配置。

因此，本章首先研究了直觉模糊集在双论域近似空间的粗糙近似问题，给出了双论域直觉模糊粗糙集的模型定义，讨论了其与已有相关模型的区别与联系及其性质，进而给出了一种基于双论域直觉模糊粗糙集的不确定性决策方法。针对所考虑的突发事件应急物资调度配置的限定条件，把基于双论域直觉模糊粗糙集的不确定决策方法应用于应急物资调度决策问题，给出了一种应急物资优化配置的决策模型。

4.2 双论域直觉模糊粗糙集

设U, V是非空有限论域，$R \in F(U \times V)$是论域U与V上的二元模糊关系。对任意直觉模糊集$A = \{\langle x, \mu_A(x), \nu_A(x)\rangle \mid x \in U\} \in IF(U)$，$A$关于双论域模糊近似空间$(U, V, R)$的下、上近似分别定义如下：

$$\underline{R}(A)(y) = \{\langle y, \mu_{\underline{R}(A)}(y), \nu_{\underline{R}(A)}(y)\rangle \mid y \in V\},$$

$$\overline{R}(A)(y) = \{\langle y, \mu_{\overline{R}(A)}(y), \nu_{\overline{R}(A)}(y)\rangle \mid y \in V\},$$

其中

$$\mu_{\underline{R}(A)}(y)=\bigwedge_{x\in U}((1-R(x,y))\vee\mu_A(x)),$$

$$\nu_{\underline{R}(A)}(y)=\bigvee_{x\in U}(R(x,y)\wedge\nu_A(x)),$$

$$\mu_{\overline{R}(A)}(y)=\bigvee_{x\in U}(R(x,y)\wedge\mu_A(x)),$$

$$\nu_{\overline{R}(A)}(y)=\bigwedge_{x\in U}((1-R(x,y))\vee\nu_A(x))。$$

称序对($\underline{R}(A)$，$\overline{R}(A)$)是双论域模糊近似空间上的直觉模糊粗糙集。容易知道下近似 $\underline{R}(A)$ 和上近似 $\overline{R}(A)$ 均是论域V上的直觉模糊集。因此，我们有下面的结论。

定理 4.2.1　设A是论域U上的直觉模糊集，R是论域U与V上的模糊关系。$\underline{R}(A)$ 和 $\overline{R}(A)$ 分别是A关于双论域模糊近似空间(U, V, R)的下、上近似集。则对任意$y\in V$，下、上近似的类属度和非隶属度满足下面的关系：

(1) $\mu_{\underline{R}(A)}(y)+\nu_{\underline{R}(A)}(y)\leqslant 1$，

(2) $\mu_{\overline{R}(A)}(y)+\nu_{\overline{R}(A)}(y)\leqslant 1$。

证明　由直觉模糊集的定义知，$\forall x\in U$，$y\in V$，由于$1-\nu_A(x)\geqslant\mu_A(x)$。因此，

$$\begin{aligned}1-\nu_{\underline{R}(A)}(y)&=1-\bigvee_{x\in U}(R(x,y)\wedge\nu_A(x))\\&=\bigwedge_{x\in U}[(1-R(x,y))\vee(1-\nu_A(x))]\\&\geqslant\bigwedge_{x\in U}((1-R(x,y))\vee\mu_A(x))\\&=\mu_{\underline{R}(A)}(y)。\end{aligned}$$

此即，$\mu_{\underline{R}(A)}(y)+\nu_{\underline{R}(A)}(y)\leqslant 1$。

同理，可证明 $\mu_{\overline{R}(A)}(y)+\nu_{\overline{R}(A)}(y)\leqslant 1$ 成立。

定理 4.2.1 说明上面给出的双论域上直觉模糊粗糙集的上、下近似的

定义是合理的。亦即下近似 $\underline{R}(A)$ 和上近似 $\overline{R}(A)$ 都是论域 V 上的直觉模糊集。

定理 4.2.2 设 (U, V, R) 是双论域模糊近似空间，任 $A, B \in IF(U)$，则直觉模糊近似上、下近似算子满足下面的性质：

(1) $\underline{R}(U) = V$， $\overline{R}(\varnothing) = \varnothing$；

(2) $\underline{R}(A) = (\overline{R}(A^C))^C$， $\overline{R}(A) = (\underline{R}(A^C))^C$；

(3) $\underline{R}(A \cap B) = \underline{R}(A) \cap \underline{R}(B)$， $\overline{R}(A \cup B) = \overline{R}(A) \cup \overline{R}(B)$；

(4) $\underline{R}(A \cup B) \supseteq \underline{R}(A) \cup \underline{R}(B)$， $\overline{R}(A \cap B) \subseteq \overline{R}(A) \cap \overline{R}(B)$；

(5) $A \subseteq B \Rightarrow \underline{R}(A) \subseteq \underline{R}(B)$， $\overline{R}(A) \subseteq \overline{R}(B)$。

证明 由定义直接验证可得。

注 4.2.1 一般而言，$\underline{R}(A) \subseteq \overline{R}(A)$ 在双论域近似模糊空间 (U, V, R) 中并不成立。

下面，我们通过一个数值算例说明这一结论。

例 4.2.1 设 (U, V, R) 是双论域模糊近似空间。$U = \{x_1, x_2, x_3\}$，$V = \{y_1, y_2, y_3\}$。论域 U 与 V 上的模糊关系 R 定义如下：

$$
\begin{aligned}
R = \{&R(x_1, y_1) = 0.6, \quad R(x_1, y_2) = 0.6, \quad R(x_1, y_3) = 0.4, \\
&R(x_2, y_1) = 0.3, \quad R(x_2, y_2) = 0.3, \quad R(x_2, y_3) = 0.2, \\
&R(x_3, y_1) = 0.5, \quad R(x_3, y_2) = 0.2, \quad R(x_3, y_3) = 0.6\}。
\end{aligned}
$$

设 $A = \{\langle x_1, 0.5, 0.1\rangle, \langle x_2, 0.6, 0.1\rangle, \langle x_3, 0.2, 0.8\rangle\}$。

则容易计算得如下结果：

$$
\begin{aligned}
\mu_{\underline{R}(A)}(y_1) &= \bigwedge_{x \in U}(\mu_A(x) \vee (1 - R(x, y))) \\
&= (0.5 \vee (1-0.6)) \wedge (0.6 \vee (1-0.3)) \\
&\quad \wedge (0.2 \vee (1-0.5)) = 0.5, \\
\nu_{\underline{R}(A)}(y_1) &= \bigvee_{x \in U}(\nu_A(x) \wedge R(x, y)) \\
&= (0.1 \wedge 0.6) \wedge (0.1 \wedge 0.3) \wedge (0.8 \wedge 0.5)
\end{aligned}
$$

$$= 0.5,$$

$$\mu_{\bar{R}(A)}(y_1) = \bigvee_{x \in U}(\mu_A(x) \wedge R(x, y))$$
$$= (0.5 \wedge 0.6) \wedge (0.6 \wedge 0.3) \wedge (0.2 \wedge 0.5)$$
$$= 0.5,$$

$$\nu_{\bar{R}(A)}(y_1) = \bigwedge_{x \in U}(\nu_A(x) \vee (1 - R(x, y)))$$
$$= (0.1 \vee (1 - 0.6)) \wedge (0.1 \vee (1 - 0.3))$$
$$\wedge (0.8 \vee (1 - 0.5)) = 0.4。$$

同理，$\mu_{\underline{R}(A)}(y_2) = 0.5$，　$\mu_{\underline{R}(A)}(y_3) = 0.4$，

$\nu_{\underline{R}(A)}(y_2) = 0.2$，　$\nu_{\underline{R}(A)}(y_3) = 0.6$，

$\mu_{\bar{R}(A)}(y_2) = 0.5$，　$\mu_{\bar{R}(A)}(y_3) = 0.4$，

$\nu_{\bar{R}(A)}(y_2) = 0.4$，　$\nu_{\bar{R}(A)}(y_3) = 0.6$。

此即，$\underline{R}(A) = \{\langle y_1, 0.5, 0.5\rangle, \langle y_2, 0.5, 0.2\rangle, \langle y_3, 0.4, 0.6\rangle\}$；

同理，$\bar{R}(A) = \{\langle y_1, 0.5, 0.4\rangle, \langle y_2, 0.5, 0.4\rangle, \langle y_3, 0.4, 0.6\rangle\}$。故

$$\nu_{\underline{R}(A)}(y_2) = 0.2 \not\geq \nu_{\bar{R}(A)}(y_2) = 0.4。$$

所以，$\underline{R}(A) \subseteq \bar{R}(A)$ 不成立。

若 $R \in P(U \times V)$，即 R 是 U 与 V 上普通二元关系，则 $R(x) = \{y \in V \mid xRy, x \in U\}$。此时，双论域模糊近似空间 (U, V, R) 退化成经典双论域近似空间[79-81]。因此获得了另一种数学结构，即双论域粗糙直觉模糊集。

下面给出双论域粗糙直觉模糊集定义。

设 $R \in P(U \times V)$ 是论域 U 与 V 上的普通二元关系。任 $A \in IF(U)$，则 A 关于双论域近似空间 (U, V, R) 的下、上近似分别定义如下：

$$\underline{apr}_{R(A)}(y) = \{\langle y, \mu_{\underline{apr}_{R(A)}}(y), \nu_{\underline{apr}_{R(A)}}(y)\rangle \mid y \in V\},$$

$$\overline{apr}_{R(A)}(y) = \{\langle y, \mu_{\overline{apr}_{R(A)}}(y), \nu_{\overline{apr}_{R(A)}}(y)\rangle \mid y \in V\}.$$

其中

$$\mu_{\underline{apr}_{R(A)}}(y) = \min\{A(y) \mid y \in R(x), x \in U\},$$

$$\nu_{\underline{apr}_{R(A)}}(y) = \max\{A(y) \mid y \in R(x), x \in U\},$$

$$\mu_{\overline{apr}_{R(A)}}(y) = \max\{A(y) \mid y \in R(x), x \in U\},$$

$$\nu_{\overline{apr}_{R(A)}}(y) = \min\{A(y) \mid y \in R(x), x \in U\}。$$

特别地，如果论域 U 与 V 是无限集，则 min=inf, max=sup。

注 4.2.2 正如普通集合是模糊集合的特殊情形一样，论域 U 与 V 上的普通二元关系亦是模糊关系的特殊情形。因此，双论域粗糙直觉模糊集是双论域直觉模糊粗糙集的特殊情形。若 $U = V$，则双论域粗糙直觉模糊集即为 Pawlak 近似空间中的粗糙直觉模糊集[76,77,103,137]。

由于任何一个模糊集都可以表示成一个直觉模糊集，故双论域粗糙直觉模糊集也可以看作是 Pawlak 近似空间中粗糙模糊集的推广形式。

同样，也可以用构造性的方法系统地讨论双论域粗糙直觉模糊集的基本性质。其结论与双论域直觉模糊粗糙集类似。

下面讨论双论域直觉模糊粗糙集的不确定性度量。

经典粗糙集的不确定性度量最早由 Pawlak 提出[76,77,103,137]。随后，不同的学者先后提出了许多粗糙集不确定度量的理论与方法[162-165]。本节在经典 Pawlak 粗糙集不确定性度量的定义基础上，给出双论域直觉模糊粗糙集的不确定性度量。

首先给出 A 关于双论域模糊近似空间上、下近似的 (α, β) 截集的定义。

定义 4.2.1 设 (U, V, R) 是双论域模糊近似空间。任 $A \in IF(U)$，A 关于 (U, V, R) 上、下近似的 (α, β) 截集分别定义如下：

$$\underline{R}(A)_{\alpha}^{\beta} = \{y \in V \mid \mu_{\underline{R}(A)}(y) \geqslant \alpha,\ \nu_{\underline{R}(A)}(y) \leqslant \beta\},$$

$$\bar{R}(A)_{\alpha}^{\beta} = \{y \in V \mid \mu_{\bar{R}(A)}(y) \geqslant \alpha,\ \nu_{\bar{R}(A)}(y) \leqslant \beta\},$$

其中 $0 \leqslant \alpha,\ \beta \leqslant 1$，且 $\alpha + \beta \leqslant 1$。

基于直觉模糊粗糙近似集的上、下近似$(\alpha,\ \beta)$截集的定义，可给出双论域直觉模糊粗糙集的粗糙度和精度的概念。

定义 4.2.2　设$(U,\ V,\ R)$是双论域模糊近似空间。任 $A \in IF(U)$，A 关于$(U,\ V,\ R)$依参数 $\alpha,\ \beta$ 的粗糙度 $\rho_R(\alpha,\ \beta)$ 和精度 $\lambda_R(\alpha,\ \beta)$ 分别定义如下：

$$\rho_R(\alpha,\ \beta) = 1 - \frac{|\ \underline{R}(A)_{\alpha}^{\beta}\ |}{|\ \bar{R}(A)_{\alpha}^{\beta}\ |}, \qquad \lambda_R(\alpha,\ \beta) = 1 - \rho_R(\alpha,\ \beta)。$$

若 $|\ \underline{R}(A)_{\alpha}^{\beta}\ | = 0$，则 $\rho_R(\alpha,\ \beta) = 0$。

显然，$0 \leqslant \rho_R(\alpha,\ \beta) \leqslant 1$，$0 \leqslant \lambda_R(\alpha,\ \beta) \leqslant 1$，且精度与粗糙度之间负相关。

容易知道，对于双论域粗糙直觉模糊集的粗糙度与精度也可用相同的形式给出其定义。由定义 4.2.1 知，双论域直觉模糊粗糙集的水平截集中含有两个参数 α 和 β，故不同的参数组合将确定不同的水平截集。因此，也可以定义双论域直觉模糊粗糙集其他 3 种形式的水平截集。并且给出与其对应的粗糙度与精度的定义。显然，基于其他 3 种形式水平截集的粗糙度与精度与定义 4.2.2 中给出的定义具有类似的性质。

4.3　基于双论域直觉模糊粗糙集的不确定决策方法

双论域粗糙集为有效地描述现实中复杂决策问题提供了新的手段和方法，而直觉模糊集通过隶属度和非隶属度两个定量指标比较准确地刻画了决策对象的不确定性特征。把直觉模糊集和双论域粗糙集结合,获得了一种新的处理不确定性决策问题的理论和方法:双论域直觉模糊粗糙集。

本节,在双论域直觉模糊粗糙集的理论框架下,给出一种处理不确定性决策问题的新模型和方法。

4.3.1 问题描述

下面通过一个简单的临床医疗诊断决策问题对研究问题的特征进行描述。

设$U=\{x_1, x_2, \cdots, x_m\}$是一组症状的集合,$V=\{y_1, y_2, \cdots, y_n\}$是一组疾病的集合,二元模糊关系$R\in F(U\times V)$刻画了症状$x_i(x_i\in U)$和疾病$y_j(y_j\in V)$的相关度且满足$R(x_i, y_j)\in[0, 1]$。设$A$是一个具有某些疾病症状的患者,其症状由论域$U$上的直觉模糊集$A=\{\langle x, \mu_A(x), \nu_A(x)\rangle \mid x\in U\}$刻画。由于临床实践中患者症状特征表述的不确定性,使得医生的临床诊断本质上是一个不确定决策问题。即医生(决策者)需要根据患者A的临床症状特征(不确定性信息)判断其患有哪种疾病$y_j(y_j\in V)$。

下面,利用双论域直觉模糊粗糙集给出具有上述特征的不确定决策问题的决策模型和方法。

4.3.2 模型与算法

基于双论域直觉模糊粗糙集的基本理论,通过3个步骤给出上面所描述不确定决策问题的决策过程。

首先,对患者A所表现出的每个症状$x(x\in U)$计算其与每个疾病$y(y\in V)$的相关度。

因此,需要给出两个直觉模糊集之间相关度的定义。

定义 4.3.1[167] 设论域$X=\{x_1, x_2, \cdots, x_n\}$。$A_1=\{\langle x_i, \mu_{A_1}(x_i),$

$\nu_{A_1}(x_i)\rangle \mid x_i \in X\}$ 与 $A_2 = \{\langle x_i, \mu_{A_2}(x_i), \nu_{A_2}(x_i)\rangle \mid x_i \in X\}$ 是论域 X 上的两个直觉模糊集。记

$$\rho(A_1, A_2) = \frac{c(A_1, A_2)}{(c(A_1, A_1) \cdot c(A_2, A_2))^{\frac{1}{2}}},$$

其中 $c(A_1, A_2) = \sum_{i=1}^{n} (\mu_{A_1}(x_i) \cdot \mu_{A_2}(x_i) + \nu_{A_1}(x_i) \cdot \nu_{A_2}(x_i))$。

则 $\rho(A_1, A_2)$ 称作直觉模糊集 A_1 与 A_2 的相关度。

定理 4.3.1[167]　设论域 $X = \{x_1, x_2, \cdots, x_n\}$。$A_1 = \{\langle x_i, \mu_{A_1}(x_i), \nu_{A_1}(x_i)\rangle \mid x_i \in X\}$ 与 $A_2 = \{\langle x_i, \mu_{A_2}(x_i), \nu_{A_2}(x_i)\rangle \mid x_i \in X\}$ 是论域 X 上的两个直觉模糊集。则 $\rho(A_1, A_2)$ 满足下面的性质：

(1) $0 \leqslant \rho(A_1, A_2) \leqslant 1$；

(2) $A_1 = A_2 \Rightarrow \rho(A_1, A_2) = 1$；

(3) $\rho(A_1, A_2) = \rho(A_2, A_1)$。

容易知道每个症状 $x(x \in U)$ 和疾病 $y(y \in V)$ 之间的相关度 $R(x, y) \in F(U \times V)$ 是一个模糊集。然而，每个患者的症状 $x(x \in U)$ 是论域 U 上的一个直觉模糊集。所以，需要给出计算模糊集与直觉模糊集相关度的公式。这里仍然采用定义 4.3.1 给出的两个直觉模糊集之间相关度的方式来计算模糊集与直觉模糊集之间的相关度。因此，需要将模糊集转化为直觉模糊集，进而利用定义 4.3.1 来计算模糊集与直觉模糊集之间的相关度。

事实上，只需要给出任意模糊集的非隶属度即可，因为任意模糊集都存在隶属度。此处用 $\widetilde{A}(\widetilde{A} \in F(U))$ 表示论域 U 上的模糊集。

定义 4.3.2　设 $\widetilde{A}$ 是论域 U 上的模糊集。则 $\widetilde{A}$ 的非隶属度定义如下：

$$\nu_{\widetilde{A}}(x) = \begin{cases} 0, & \widetilde{A}(x) > 0.5; \\ 0.5, & \widetilde{A}(x) \leqslant 0.5。 \end{cases}$$

所以，$\{\langle x, \mu_{\widetilde{A}}(x), \nu_{\widetilde{A}}(x)\rangle \mid x \in U\}$ 即为与模糊集$\widetilde{A}$相对应的直觉模糊集。

基于定义 4.3.2，给出模糊集与直觉模糊集之间相关度的定义。

定义 4.3.3 设$\widetilde{A}$是论域U上的模糊集，A是论域U上的直觉模糊集，则$\widetilde{A}$与A的相关度由下式计算：

$$\rho(\widetilde{A}, A) = \frac{c(\widetilde{A}, A)}{(c(\widetilde{A}, \widetilde{A}) \cdot c(A, A))^{\frac{1}{2}}},$$

其中 $c(\widetilde{A}, A) = \sum_{i=1}^{n} (\mu_{\widetilde{A}}(x_i) \cdot \mu_A(x_i) + \nu_{\widetilde{A}}(x_i) \cdot \nu_A(x_i))$。

依据上面的定义，给出以下的记号：

$$J = \{1, 2, \cdots, n\};$$

$$k_{y_k} = \max_{x \in U}\{\rho(A, R(x, y_k)) \mid y_k \in V\}, k \in J;$$

$$r_1 = \{k_{y_k} \in J \mid k_{y_k} = \max_{x \in U}\{\rho(A, R(x, y_k)) \mid y_k \in V\}。$$

其次，计算论域U上任意直觉模糊集A关于双论域模糊近似空间(U, V, R)的下近似集 $\underline{R}(A)$ 和上近似集 $\overline{R}(A)$。

由于下近似集 $\underline{R}(A)$ 和上近似集 $\overline{R}(A)$ 是论域V上的直觉模糊集。因此，可得 $\underline{R}(A)$ 和 $\overline{R}(A)$ 的直觉性指标分别为

$$\pi_{\underline{R}(A)}(y_j) = 1 - \mu_{\underline{R}(A)}(y_j) - \nu_{\underline{R}(A)}(y_j), \ y_j \in V,$$

$$\pi_{\overline{R}(A)}(y_j) = 1 - \mu_{\overline{R}(A)}(y_j) - \nu_{\overline{R}(A)}(y_j), \ y_j \in V。$$

依据直觉模糊集A的下、上近似的直觉性指标，给出如下的记号：

$$i_{y_i} = \min\{\pi_{\underline{R}(A)}(y_i), \mu_{\underline{R}(A)}(y_i) \geqslant \nu_{\underline{R}(A)}(y_i) \mid y_i \in V\}, i \in J;$$

$$r_2 = \{i_{y_i} \in J \mid i_{y_i} = \min\{\pi_{\underline{R}(A)}(y_i), \mu_{\underline{R}(A)}(y_i) \geqslant \nu_{\underline{R}(A)}(y_i) \mid y_i \in V\}\};$$

$$j_{y_j} = \min\{\pi_{\overline{R}(A)}(y_j), \mu_{\overline{R}(A)}(y_j) \geqslant \nu_{\overline{R}(A)}(y_j) \mid y_j \in V\}, j \in J;$$

$$r_3 = \{j_{y_j} \in J \mid j_{y_j} = \min\{\pi_{\overline{R}(A)}(y_j),\ \mu_{\overline{R}(A)}(y_j) \geqslant \nu_{\overline{R}(A)}(y_j) \mid y_j \in V\}\}。$$

最后，对任意 $y \in V,\ i,\ j,\ k \in \{1,\ 2,\ \cdots,\ n\}$，给出如下的决策规则：

(1) 若 $r_1 \cap r_2 \cap r_3 \neq \varnothing$，则 $y_k \in V$，其中 $k \in r_1 \cap r_2 \cap r_3$；

(2) 若 $r_1 \cap r_2 \cap r_3 = \varnothing$，且 $r_2 \cap r_3 \neq \varnothing$，则 $y_k \in V$，其中 $k \in r_2 \cap r_3$；

(3) 若(1)和(2)中的情形都不存在，则不存在最优决策。因此，取 $y_k \in V$(其中 $k \in r_1$) 作为次优决策。

这样，通过上面的 3 个基本步骤，建立了一种基于双论域直觉模糊粗糙集的不确定性决策方法。

4.4　应急物资调度的双论域直觉模糊粗糙集方法

本节把基于双论域直觉模糊粗糙集的不确定决策方法应用于应急管理决策中的物资调度问题。通过利用 4.3 节中给出的决策方法给应急物资调度提供一种新的优化模型。

考虑如下应急物资调度决策问题。

设 $V = \{y_1,\ y_2,\ y_3,\ y_4,\ y_5\}$ 是某个特定区域(如行政区划或者地理时空分布)中事先根据以往灾害记录设立的 5 个应急物资储备中心。$U = \{x_1,\ x_2,\ x_3,\ x_4,\ x_5\}$ 是每个应急物资储备中心存储的 5 种不同类型的应急救援物资(亦即突发事件发生后所需应急物资的物品种类。此处假设所有应急物资储备中心存储的物资种类相同，其差别在于因不同的储备中心规模或者级别等客观因素所决定的不同种类应急物资储备数量的差异)。假设其分别为：x_1—— 生活必需品(如饮用水、食品、帐篷、御寒衣物等)；

x_2—— 医疗物资(如药品、医疗器材等);x_3—— 应急资金储备;x_4—— 应急救援的大型机械化设备;x_5—— 应急能源与燃料(如汽油等)。

一般而言,不同的突发事件对应急物资需求种类和数量并不完全一致。因此,对同一个应急物资储备中心而言,面对不同的突发事件,其所储备的某种物资的数量对于特定的突发事件救援的需求而言满足程度亦不相同。如突发的公共卫生事件(或群体性中毒事件)和突发的地震灾害,前者对医疗物资(药品、医疗器械)的需求量较大,而地震灾害则对生活必需品、应急救援的机械化设备等应急物资需求量较大。此外,面对不同的突发应急事件,不同的应急物资储备中心已存储的应急物资种类对于特定应急事件救援需求的满足程度(或者理解为对某种物资的供应能力)也不相同。同时,由于时间紧迫、决策信息有限使得决策者确定存储的应急物资数量对于特定突发事件救援需求的满足程度很难准确估计,只能给出一个近似的、模糊性的判断。所以,其定量化的数值即为定义在论域 U 与 V 上的二元模糊关系 $R(x_i, y_j)$。显然,$R(x_i, y_j) \in [0, 1]$。

表 4-1 给出了决策者根据突发的某种突发事件(如地震、洪水等)的实时信息给出的事先设立的 5 个应急物资储备中心储存的应急物资对于该突发事件不同应急救援物资需求的满足程度。

表 4-1 不同物资储备中心应急物资对于应急救援物资需求的满足程度

$R(x_i, y_j)$	y_1	y_2	y_3	y_4	y_5
x_1	0.4	0.7	0.3	0.1	0.1
x_2	0.3	0.2	0.6	0.2	0.0
x_3	0.1	0.0	0.2	0.8	0.2
x_4	0.4	0.7	0.2	0.2	0.3
x_5	0.1	0.1	0.5	0.2	0.8

假设该区域突发某种突发事件(如地震、洪水等),设 $P=\{A_1, A_2, A_3, A_4\}$ 是根据行政区划或者地理时空特征分布所划分的 4 个受灾地点。由于客观地理条件、基础设施、经济社会的发展水平等客观因素的影响,不同受灾地点对于不同种类应急物资的需求数量各不同。同样,由于时间紧迫、信息缺失使得决策者更多地依赖其对突发事件实时情景的直觉判断给出一种模糊性的表述。即决策者对于不同受灾地点对不同种类应急物资的需求数量给出的是一种需求数量程度的刻画而不是具体需求数量的表示。因此,为客观地描述决策者对不同受灾地点应急物资需求的不精确性,用直觉模糊数[105]表示每个特定受灾地点对不同应急物资需求的程度(其中直觉模糊数的左端点数值表示第 i $(i=1, 2, 3, 4, 5)$ 种物资对第 j $(j=1, 2, 3, 4)$ 个受灾地点所需应急物资的最低满足程度,右端点数值表示第 i $(i=1, 2, 3, 4, 5)$ 种物资对第 j $(j=1, 2, 3, 4)$ 个受灾地点所需应急物资的最大满足程度)。表 4－2 中给出了该突发事件所造成的特定受灾区域内 4 个受灾地点对各种应急物资的需求程度。

表 4－2　每个受灾地点应急物资需求程度

$\{x_i, [\mu_{A_i}(x_i), 1-\nu_{A_i}(x_i)]\}$	x_1	x_2	x_3	x_4	x_5
A_1	[0.8, 0.9]	[0.6, 0.9]	[0.2, 0.2]	[0.6, 0.9]	[0.1, 0.4]
A_2	[0.0, 0.2]	[0.4, 0.6]	[0.6, 0.9]	[0.1, 0.3]	[0.1, 0.2]
A_3	[0.8, 0.9]	[0.8, 0.9]	[0.0, 0.4]	[0.2, 0.3]	[0.0, 0.5]
A_4	[0.6, 0.9]	[0.5, 0.6]	[0.3, 0.6]	[0.7, 0.8]	[0.3, 0.6]

下面,利用 4.3 节中给出的决策模型与方法给出该突发事件应急物资调度的优化决策结果。

首先,根据定义 4.3.3 计算每个受灾点 $A_i \in IF(U)$ 与每个应急物资储备中心 $y_j \in V$ 之间的相关度 $\rho(A_i, y_j)$(即第 j 个物资储备中心对第 i 个受灾点所需物资的满足程度)。其计算结果列于表 4－3。

表 4－3　相 关 度

$\rho(A_i, y_j)$	y_1	y_2	y_3	y_4	y_5
A_1	0.800 1	0.892 5	0.446 3	0.457 1	0.446 1
A_2	0.798 6	0.385 5	0.609 2	0.930 7	0.585 4
A_3	0.829 8	0.700 5	0.820 5	0.471 6	0.427 1
A_4	0.848 7	0.813 4	0.768 8	0.642 5	0.623 9

其次，由双论域直觉模糊粗糙集的定义可得 $A_i \in IF(U)$ 关于双论域模糊近似空间(U, V, R) 的下、上近似。其计算结果分别列于表 4－4 和表 4－5。

表 4－4　直觉模糊集的下近似

$\{y_i, [\mu_{\underline{R}(A_i)}(y_j), 1-\nu_{\underline{R}(A_i)}(y_j)]\}$	y_1	y_2	y_3	y_4	y_5
$\underline{R}(A_1)$	[0.6, 0.6]	[0.6, 0.9]	[0.5, 0.5]	[0.2, 0.2]	[0.2, 0.4]
$\underline{R}(A_2)$	[0.6, 0.6]	[0.3, 0.3]	[0.4, 0.5]	[0.6, 0.8]	[0.2, 0.2]
$\underline{R}(A_3)$	[0.6, 0.6]	[0.3, 0.3]	[0.5, 0.5]	[0.2, 0.4]	[0.2, 0.5]
$\underline{R}(A_4)$	[0.6, 0.7]	[0.6, 0.8]	[0.5, 0.6]	[0.3, 0.6]	[0.3, 0.6]

表 4－5　直觉模糊集的上近似

$\{y_i, [\mu_{\overline{R}(A_i)}(y_j), 1-\nu_{\overline{R}(A_i)}(y_j)]\}$	y_1	y_2	y_3	y_4	y_5
$\overline{R}(A_1)$	[0.4, 0.4]	[0.7, 0.7]	[0.6, 0.6]	[0.2, 0.2]	[0.3, 0.4]
$\overline{R}(A_2)$	[0.3, 0.3]	[0.2, 0.3]	[0.2, 0.6]	[0.4, 0.7]	[0.2, 0.3]
$\overline{R}(A_3)$	[0.4, 0.4]	[0.7, 0.7]	[0.6, 0.6]	[0.2, 0.4]	[0.2, 0.5]
$\overline{R}(A_4)$	[0.4, 0.4]	[0.7, 0.7]	[0.5, 0.6]	[0.3, 0.6]	[0.3, 0.6]

基于直觉模糊集 $A_i \in IF(U)$ 的下、上近似，分别对$\underline{R}(A_i)$ 与$\overline{R}(A_i)$ 计算其直觉性指标。其结果分别列于表 4－6 和表 4－7。

表 4-6　下近似 $\underline{R}(A_i)$ 的直觉指标

$\pi_{\underline{R}(A_i)}(y_j)$	y_1	y_2	y_3	y_4	y_5
$\underline{R}(A_1)$	0	0.3	0	0	0.2
$\underline{R}(A_2)$	0	0	0.1	0.2	0.3
$\underline{R}(A_3)$	0	0	0	0.2	0.3
$\underline{R}(A_4)$	0.1	0.2	0.1	0.3	0.3

表 4-7　上近似 $\overline{R}(A_i)$ 的直觉指标

$\pi_{\overline{R}(A_i)}(y_j)$	y_1	y_2	y_3	y_4	y_5
$\overline{R}(A_1)$	0	0	0	0	0.1
$\overline{R}(A_2)$	0	0.1	0.4	0.2	0.1
$\overline{R}(A_3)$	0	0	0	0.2	0.3
$\overline{R}(A_4)$	0	0	0.1	0.3	0.3

根据上面的计算结果，对于受灾地点 $A_1 \in IF(U)$ 可得如下结论：

$J = \{1, 2, 3, 4, 5\}$；

$r_1 = \{k_{y_k} \in J \mid k_{y_k} = \max_{x\in U}\{\rho(A_1, R(x, y_k) \in V) \mid y_k\}\} = \{2\}$；

$r_2 = \{i_{y_i} \in J \mid i_{y_i} = \min\{\pi_{\underline{R}(A)}(y_i), \mu_{\underline{R}(A)}(y_i) \geqslant \nu_{\underline{R}(A)}(y_i) \mid y_i \in V\}\}$
$= \{1, 2, 3\}$；

$r_3 = \{j_{y_j} \in J \mid i_{y_j} = \min\{\pi_{\overline{R}(A)}(y_j), \mu_{\overline{R}(A)}(y_j) \geqslant \nu_{\overline{R}(A)}(y_j) \mid y_j \in V\}\}$
$= \{2, 3\}$。

容易验证 $r_1 \cap r_2 \cap r_3 = \{2\}$，则由 4.3 节的决策规则知直觉模糊集 $A_1 \in IF(U)$ 所对应的决策为 y_2。即受灾地点 A_1 所需的应急救援物资由储备中心 y_2 供应。

与 A_1 类似，可给出其他 3 个受灾地点的应急物资配置方案如下：

受灾地点 A_2 所需的应急救援物资由储备中心 y_4 供应；

受灾地点 A_3 所需的应急救援物资由储备中心 y_3 供应；

受灾地点 A_4 所需的应急救援物资由储备中心 y_1 供应。

注 4.4.1 在上面的决策结果中没有关于第 5 个应急物资储备中心 y_5 的调度决策，其原因是上面讨论的应急物资调度决策问题中应急物资储备中心个数多于受灾点(即 4 个受灾点和 5 个应急物资储备中心)，并且在该问题中这里预先给出了每个应急物资储备中心均可满足任意一个受灾点的物资需求的假设。

反之，若受灾点的个数多于应急物资储备中心个数时，则上面给出的应急物资调度决策模型自然变成一个应急物资储备中心供应多个受灾点或者多个应急物资储备中心共同供应一个受灾点的情形。此时，需要重新给出与之对应的突发事件情景假设条件。

4.5 本章小结

本章讨论了双论域模糊近似空间中直觉模糊集的粗糙近似问题。给出了双论域直觉模糊粗糙集的基本定义，讨论了其基本性质以及与其他已有粗糙集模型的关系。研究结论表明双论域直觉模糊粗糙集模型包含了双论域粗糙直觉模糊集模型，这一结论与传统单个论域上的模糊粗糙集的结论相一致，因而充分说明了双论域直觉模糊粗糙集模型定义的合理性和研究意义。这是本章第一个方面的主要工作。

在双论域直觉模糊粗糙集理论研究的基础上，以现实中临床医疗诊断决策为管理背景，提出了一种基于双论域直觉模糊粗糙集的不确定决策方法，给出了具有不精确、模糊性信息的不确定性问题的最优决策规则。这是本章第二个方面的主要工作。

最后，把基于双论域直觉模糊粗糙集的不确定决策方法应用于突发事件应急管理中物资调度配置的不确定性决策问题。给出了在时间紧迫、决策信息不完备的实时情景条件下最优应急物资调度配置决策方案。这是本章第三个方面的主要工作。

第5章 双论域概率粗糙集及最优应急预案选择

5.1 引　　言

在经历了诸多突发事件之后，人们逐渐认识到，为了保证在发生突发事件时，能够快速有效地展开救援、将突发事件造成的损失降到最低限度，必须事先建立合理、完善的应急预案。因此，国务院提出“一案三制”的基本应急管理原则，截至2006年底我国已制定各类应急预案130万件。在这一处置突发事件的宏观框架模式下，许多学者提出了一种新的突发事件应急决策方法：基于应急预案的应急决策方法[118,119]。同时，国内外学术界对突发事件应急预案的研究也日益增多，应急预案的制定逐渐考虑从多个角度着手，使其能够灵活有效地处理各种性质、不同类型和规模的突发事件。

然而，在突发事件发生之前，各个部门往往是凭借自身的经验以及历史的数据资料对突发事件可能带来的影响进行设想和假定，并以此为出发点编制应急预案。事实上，尽管决策者在事先制定应急预案时最大限度地把所有关于突发事件可能的情景和因素都考虑进去，但由于各个部门认识的局限性以及侧重的角度不同，仍然很难保证预案的全面、合理。因此，为使应急预案科学、合理且能有效地实现预期目标，需要对应急预案进行评价并不断完善、修正；进而帮助决策者在突发事件发生时选择最适合的应急方案。所以，基于应急预案的应急决策方法的核心问题包括两个方面：① 科学、有效的应急预案评价；② 在应急预案综合评价的基础上依据特定突发事件的实时特征选择最优预案。

目前，关于该问题的研究思路主要集中在基于不同类型突发事件的基本特点，确定反映突发事件的特征因素之后对预先制定的所有应急预案利用诸如模糊综合评价法、AHP（analytical hierarchy process）及多属性决策分析等方法进行评价。对突发事件的实时应急决策而言，决策者依据综合评价结果选择相应的应急预案付诸实施即可。

尽管这一研究思路为实时应急决策提供了一种切实可行的决策模式，其仍然存在如下两个需要进一步改进的地方。

一方面，关于应急预案评价的研究方法中都存在一个共同的步骤：即需要专家对各个指标进行两两相互比较并给出打分或者赋予定量的数值以便进行程序化的计算[113,114]。这种定量的数值表示为利用成熟的数学工具进行程序化的计算提供便利的同时也潜在地隐含了定量数值语义上的不一致性。如应急预案处置的“有效性”和救援人员调配的“合理性”两个指标而言，在多属性群决策评价方法中同一个专家可能赋予相同的评分而在层次分析法中进行指标两两比较时认为其重要程度一样。因此对“有效性”与“合理性”这两个具有不同描述对象的变量用相同的数值表示。事实上，即便注意到这两个语义特征的区别而给予不同的评分和赋值，但由于其所描述的对象和语义范畴不同而没有统一的度量标准对其数值进行比较。此外，已有这些方法也可能存在由于指标数量过多而致使专家打分可靠性失真的风险，进而影响最终评价结论的准确性[115,116]。

另一方面，在该研究思路的主导下，并没有体现出决策者在不确定动态实时应急决策中的主体性作用。事实上，面对突发的突发事件以及实时变化的局面，决策者个人的主观判断以及关于突发事件总体发展态势的预测和把握对应急决策而言至关重要。

本章在基于预案的应急决策方法的框架下，以最优应急预案选择问题为研究对象，系统地讨论了双论域上概率粗糙集以及 Bayesian 风险决策过程的基础理论。在已有关于最优应急预案选择相关研究的基础上，充分考虑决策者在突发事件应急决策过程中的主体性作用，使得决策者对突发事件的实时判断等主体性因素体现在应急决策方案选择过程中。把应急预案评价过程中的多指标属性信息表转化为一个关于应急预案一般性基本特征描述的集合。在充分考虑突发事件不断演化的实时动态特征的基础上，让决策者在应急预案一般性基本特征描述集中给出其符合突发事件实时特征的理想应急预案的基本特征组合，同时结合决策者个人的风险偏好以及对突发事件的实时判断确定其风险损失函数。在此基础上引入双论域上基于最小风险的 Bayesian 决策思想，给出了一种基于双论域决策粗糙集的应急决策模型与方法。

5.2 双论域概率粗糙集

5.2.1 双论域概率粗糙集模型

经典 Pawlak 粗糙集上、下近似的定义对于论域上被近似集合与全体等价类之间采取了一种极端的方式，即下近似要求等价类完全包含于被近似集，而上近似仅要求两者相交非空，这一定义把那些依据已知信息不能完全确定的对象都划归到边界域中。依据 Pawlak 粗糙集的上、下近似固然可以从信息系统中获得决策规则，但由于其要求严格的包含关系而降低了决策规则的泛化能力和适应性。事实上，Pawlak 粗糙集模型中潜在地限定了其所能处理的对象只能是完全确定或完全正确的，而没有考虑决策分类对象之间彼此重叠的可能情形，即其分类本质上是精确的。因此，研究具有较强泛化能力和容错性的粗糙集模型成为许多学者关注的重点。Pawlak 等提出的概率粗糙集模型[120-122]，Ziarko 提出的变精度粗糙集模型[123]以及 Yao 等提出的决策粗糙集模型[124,125]都较好地改进了 Pawlak 粗糙集模型的不足。同样，对于经典 Pawlak 粗糙集在两个论域上的推广模型而言，当其应用于实际的决策问题时也存在类似的不足之处。所以，双论域上的概率粗糙集理论[96,126]研究成为一个必然的选择。

定义 5.2.1[96,126]　设 U, V 是非空有限论域，R 是定义在论域 U 与 V 上的集值映射。P 是定义在元素 $x(x\in U)$ 像集(亦即论域 V 的全体子集)所生成的 σ 代数上的概率测度。称 (U, V, R, P) 为双论域概率近似空间。

下面给出双论域概率粗糙集上、下近似的定义。

设 (U, V, R, P) 是双论域概率近似空间。任意 $0\leqslant\beta<\alpha\leqslant 1$, $X\in 2^V$。则 X 关于双论域概率近似空间的下、上近似分别定义为

$$\underline{apr}_P^{\alpha}(X)=\{x\in U\mid P(X\mid R(x))\geqslant\alpha\};$$

$$\underline{apr}_P^{\beta}(X)=\{x\in U\mid P(X\mid R(x))>\beta\}。$$

则 X 关于双论域概率近似空间的正域 $Pos(X, \alpha)$、边界域 $Bn(X, \alpha, \beta)$ 和负域 $Neg(X, \beta)$ 分别定义如下：

$$Pos(X, \alpha)=\{x\in U\mid P(X\mid R(x))\geqslant\alpha\};$$

$$Bn(X, \alpha, \beta)=\{x\in U\mid \beta<P(X\mid R(x))<\alpha\};$$

$$Neg(X, \beta)=U-\underline{apr}_P^{\beta}(X)。$$

注 5.2.1　若 $U=V$，则双论域上的概率粗糙集即为单个论域上基于一般二元关系的概率粗糙集；进一步，若二元集值映射 R 为论域上的等价关系，则其退化为经典概率粗糙集模型[120,121,122,127]。若 $\alpha=1$, $\beta=0$，则双论域概率粗糙集模型就变成文献[83,84]中提出的基于随机集的粗糙集模型。

称 $\rho_P(X, \alpha, \beta) = \dfrac{|\underline{apr}_P^{\alpha}(X)|}{|\overline{apr}_P^{\beta}(X)|}$ 为 X 关于双论域概率近似空间的近似精度,而 $\mu_P(X, \alpha, \beta) = 1 - \rho_P(X, \alpha, \beta)$ 称为 X 关于 (U, V, R, P) 的粗糙度。数值指标 $\rho_P(X, \alpha, \beta)$ 与 $\mu_P(X, \alpha, \beta)$ 从两个相反的角度刻画了近似对象 X 关于双论域概率近似空间的不确定性程度,提供了一种直观地评价双论域概率粗糙集不确定性的简单方式。

与单个论域上的概率粗糙集模型[127]类似,定义在双论域概率近似空间上的上、下近似算子也具有类似的对偶性质。

下面主要讨论双论域概率粗糙上、下近似算子的另一类数学性质:参数的连续性。从数学的角度容易看出,双论域概率粗糙上、下近似算子关于参数的连续性质深刻地反映了其本质特性。

定理 5.2.1 设 (U, V, R, P) 是双论域概率近似空间。任意 $0 < r < 1$, $X \in 2^V$。则

(1) $\lim\limits_{\alpha \to r^+} \underline{apr}_P^{\alpha}(X) = \bigcup\limits_{\alpha > r} \underline{apr}_P^{\alpha}(X) = \overline{apr}_P^{r}(X)$;

(2) $\lim\limits_{\beta \to r^-} \overline{apr}_P^{\beta}(X) = \bigcap\limits_{\beta < r} \overline{apr}_P^{\beta}(X) = \underline{apr}_P^{r}(X)$。

定理 5.2.1 表明下近似关于参数 α 右连续,上近似关于参数 β 左连续。

定理 5.2.2 设 (U, V, R, P) 是双论域概率近似空间。任 $0 < r < 1$, $X \in 2^V$。则

$$\begin{aligned}\lim_{\beta \to r^-,\ \alpha \to r^+} Bn(X, \alpha, \beta) &= \bigcap_{\beta < r < \alpha} (\overline{apr}_P^{\beta} - \underline{apr}_P^{\alpha}(X)) \\ &= \{x \in U \mid P(X \mid R(x)) = r\}。\end{aligned}$$

定理 5.2.2 说明随着参数 β 递增趋于 r 和 α 递减趋于 r(其中 r 为 $[0, 1]$ 中的任意常数),边界域收敛于集合 $\{x \in U \mid P(X \mid R(x)) = r\}$。

定义 5.2.2 设 (U, V, R, P) 是双论域概率近似空间。任意 $0 < r < 1$, $X \in 2^V$。称 $Bn(X, r) = \{x \in U \mid P(X \mid R(x)) = r\}$ 为 X 关于双论域概率近似空间的绝对边界。

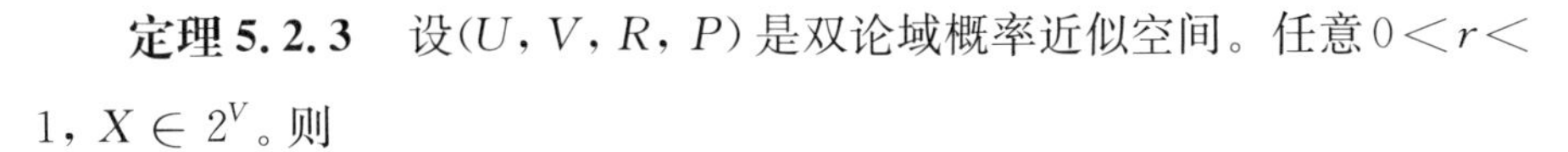

定理 5.2.3　设(U, V, R, P)是双论域概率近似空间。任意$0<r<1$，$X \in 2^V$。则

(1) $\lim\limits_{\alpha \to r^-} \underline{apr}_P^{\alpha}(X) = \bigcap\limits_{\alpha<r} \underline{apr}_P^{\alpha}(X) = \underline{apr}_P^{r}(X)$；

(2) $\lim\limits_{\beta \to r^+} \overline{apr}_P^{\beta}(X) = \bigcup\limits_{\beta>r} \overline{apr}_P^{\beta}(X) = \overline{apr}_P^{r}(X)$。

定理 5.2.2 表明下近似关于参数α左连续，上近似关于参数β右连续。

定理 5.2.1、定理 5.2.2 与定理 5.2.3 的证明参考文献[95]，其证明思路与文献[103]中类似。

同样，对参数α, β不同取值范围的限定可以获得其他 3 种双论域概率近似空间中上、下近似算子的定义。其定义形式以及相应的基本性质与上面给出的近似算子完全类似，只是参数的取值范围和上、下近似的临界值不同[95]。

5.2.2　双论域概率粗糙集的不确定性度量

正如前面所述，尽管精度$\rho_P(X, \alpha, \beta)$和粗糙度$\mu_P(X, \alpha, \beta)$能够在一定程度上度量双论域概率粗糙集的不确定性。但其更多的是关于近似质量的刻画，或者说其仅仅反映了在给定参数条件下相应论域中被正确分类的对象占全体分类对象的比率。而对于由近似空间本身及其控制参数所产生不确定性信息并没有体现在精度和粗糙度之中。

下面的算例说明了仅用精度和粗糙度刻画双论域概率粗糙集的不确定性是不充分的。

例 5.2.1　给定论域$U = \{x_1, x_2, x_3, x_4, x_5\}$和$V = \{y_1, y_2, y_3, y_4\}$。设定义在$U$与$V$上的两个集值映射$R$与$Q$分别具有如下形式：

$R(x_1) = \{y_1, y_3, y_4\}$, $R(x_2) = \{y_3, y_4\}$, $R(x_3) = \{y_2\}$,

$R(x_4) = \{y_1\}$, $R(x_5) = \{y_2, y_3\}$;

$Q(x_1) = \{y_2\}$, $Q(x_2) = \{y_3\}$, $Q(x_3) = \{y_4\}$,

$Q(x_4)=\{y_1, y_2, y_3\}$，$Q(x_5)=\{y_1, y_2\}$。

取 $X=\{y_2, y_3, y_4\}$ 并规定 $P(X \mid R(x))=\dfrac{\mid X\cap R(x)\mid}{\mid R(x)\mid}$。则容易计算集值映射 R 与 Q 关于 X 的条件概率分别如下：

$$P(X\mid R(x_1))=0.67,\quad P(X\mid R(x_2))=1,\quad P(X\mid R(x_3))=1,$$
$$P(X\mid R(x_4))=0,\quad P(X\mid R(x_5))=1;$$
$$P(X\mid Q(x_1))=1,\quad P(X\mid Q(x_2))=1,\quad P(X\mid Q(x_3))=1,$$
$$P(X\mid Q(x_4))=0.67,\quad P(X\mid Q(x_5))=0.5。$$

取 $\beta=0.6$ 与 $\alpha=0.8$ 则容易计算得 X 关于(U, V, R, P) 的下、上近似如下：

$$\underline{apr}_P^{0.8}(X)=\{x\in U\mid P(X\mid R(x))\geqslant 0.8\}=\{x_2, x_3, x_5\};$$

$$\overline{apr}_P^{0.6}(X)=\{x\in U\mid P(X\mid R(x))>0.6\}=\{x_1, x_2, x_3, x_5\}。$$

由双论域概率粗糙集的精度与粗糙度定义，我们有

$$\rho_P(X, 0.8, 0.6)=\frac{\mid\{x_2, x_3, x_5\}\mid}{\mid\{x_1, x_2, x_3, x_5\}\mid}=0.75,$$

$$\mu_P(X, 0.8, 0.6)=1-\rho_P(X, 0.8, 0.6)=0.25。$$

而 X 关于(U, V, Q, P) 的下、上近似分别如下：

$$\underline{apr}_P^{0.8}(X)=\{x\in U\mid P(X\mid Q(x))\geqslant 0.8\}=\{x_1, x_2, x_3\};$$

$$\overline{apr}_P^{0.6}(X)=\{x\in U\mid P(X\mid Q(x))>0.6\}=\{x_1, x_2, x_3, x_4\}。$$

则容易计算得：

$$\rho_P(X, 0.8, 0.6)=\frac{\mid\{x_1, x_2, x_3\}\mid}{\mid\{x_1, x_2, x_3, x_4\}\mid}=0.75,$$

$$\mu_P(X, 0.8, 0.6)=1-\rho_P(X, 0.8, 0.6)=0.25。$$

显然，R 与 Q 是论域 U 与 V 上的两个完全不同的集值映射，但是集合 X 关于两个不同概率近似空间的近似精度和粗糙度却完全相同。

所以，需要给出度量双论域概率粗糙集不确定性更为精确的方法。本节把香农(Shannon)信息熵[128]引入双论域概率近似空间，通过计算双论域概率粗糙集的粗糙熵而给出其较为精确的不确定性度量方法。

信息熵是 Shannon 于 1948 年提出的一个用来度量给定系统无序(稳定)程度的概念。一般而言，一个系统越是有序，信息熵就越低；反之，一个系统越是混乱，信息熵就越高。文献[129]中，作者把信息熵与粗糙集理论相结合，详细地讨论了信息系统的不确定度量及其知识获取问题。基于文献[129]的研究结论，本节应用信息熵给出双论域概率粗糙集的一种新的不确定性度量方法。

约定本节所涉及的对数一律以 2 为底。

设 U 是非空有限论域，R 是论域 U 上的等价关系。$U/R = \{X_1, X_2, \cdots, X_n\}$ 是由 R 形成的论域 U 的一个划分，$p_i = P(X_i) = \dfrac{|X_i|}{|U|}$ 是 U/R 上的概率分布。称

$$H(U/R) = -\sum_{i=1}^{n} p_i \log p_i,$$

是划分 $U/R = \{X_1, X_2, \cdots, X_n\}$ 的信息熵[128,129]。

特别是，若 $p_i = 0$ 或者 $X_i = \varnothing$，则定义 $p_i \log p_i = 0$。

由双论域概率粗糙集的定义知，集值映射 R 对论域 V 形成一个覆盖而不是划分。因此，需要给出香农信息熵改进的定义，即基于覆盖的广义信息熵。

定义 5.2.3　设 U 是非空有限论域，$C = \{C_1, C_2, \cdots, C_n\}$ 是论域 U 的一个覆盖，即 $\bigcup_{i=1}^{n} C_i = U$ 且 $C_i \cap C_j \neq \varnothing$，$i \neq j$. 记 $p_i = P(C_i) = \dfrac{|C_i|}{|U|}$，称

p_i 是 U 的广义测度。则

$$H(C) = -\sum_{i=1}^{n} \frac{1}{|U|} \log p_i,$$

称为论域 U 关于覆盖 C 的广义信息熵。

特别是，若存在 $C_i \in C$ 且满足 $C_i = \varnothing$，则定义 $H(C) = 0$。

基于广义信息熵的定义，下面的结论是显然的。

定理 5.2.4 设 U 是非空有限论域，$C = \{C_1, C_2, \cdots, C_n\}$ 是论域 U 的一个覆盖，$H(C)$ 是广义信息熵。则 $H(C)$ 满足如下性质：

(1) $0 \leqslant H(C) \leqslant \log |U|$；

(2) 若对任意 $C_i \in C$, $i = 1, 2, \cdots, n$, C_i 均为单点集，则 $H(C)$ 取最大值 $\log |U|$；

(3) $H(p_1, p_2, \cdots, p_n) = -\sum_{i=1}^{n} \frac{1}{|U|} \log p_i$ 是连续函数。

利用广义信息熵的概念，下面给出双论域概率粗糙集新的不确定性度量。

记 $A = (U, V, R, P)$ 是双论域概率近似空间，集值映射 R 形成的论域 V 上覆盖记为 $R_U(2^V) = \{R(x_1), R(x_2), \cdots, R(x_{|U|}) \mid x_i \in U, i = 1, 2, \cdots, |U|\}$。

定义 5.2.4 设 $A = \{U, V, R, P\}$ 是双论域概率近似空间，$R_U(2^V)$ 是论域 V 的一个覆盖。则双论域概率近似空间 A 的不确定度量为

$$G(A) = -\sum_{x \in U} \frac{1}{V} \log \frac{|R(x)|}{|V|},$$

显然，$G(A) \in [0, +\infty)$ 且 $G(A) = H(R_U(2^V)) \geqslant 0$。

双论域概率近似空间 $A = (U, V, R, P)$ 的不确定度量 $G(A)$ 刻画了由集值映射 R 所形成的近似空间中知识粒度的粗细程度。由不确定度量

$G(A)$ 的定义,下面的结论是显然的。

定理 5.2.5　设 $A=(U, V, R, P)$ 是双论域概率近似空间,$G(A)$ 是不确定性度量,则 $G(A)$ 满足如下性质:

(1) $0 \leqslant G(A) \leqslant \log |V|$;

(2) 若 $R(x) \in 2^V$, $\forall x \in U$ 是单点集,则 $G(A)$ 取最大值 $\log |V|$;

(3) 若存在 $x \in U$,使得 $R(x)=V$,且对任意 $y \in U$, $y \neq x$, $R(y)=\varnothing$。则 $G(A)$ 取最小值 0。

定义 5.2.5　设 $A=(U, V, R, P)$ 是双论域概率近似空间,$R_U(2^V)$ 是论域 V 的一个覆盖。则双论域概率近似空间 A 的粗糙熵为

$$E_r(A)=-\sum_{x \in U} \frac{1}{V} \log \frac{1}{|R(x)|},$$

由信息熵的基本含义易知,上面给出的双论域概率近似空间 $A=(U, V, R, P)$ 的粗糙熵 $E_r(A)$ 实际上刻画了近似空间本身的不确定性程度。

定理 5.2.6　设 $A=(U, V, R, P)$ 是双论域概率近似空间,$G(A)$ 是不确定性度量,则 $G(A)$ 满足如下性质:

(1) $0 \leqslant E_r(A) \leqslant \log |V|$;

(2) 若 $R(x) \in 2^V$, $\forall x \in U$,是单点集,则 $E_r(A)$ 取最小值 0;

(3) 若存在 $x \in U$,使得 $R(x)=V$,且对任意 $y \in U$, $y \neq x$, $R(y)=\varnothing$。则 $E_r(A)$ 取最大值 $\log |V|$。

关于双论域概率近似空间 $A=(U, V, R, P)$ 的粗糙熵 $E_r(A)$ 与不确定性度量 $G(A)$ 之间的关系有如下结论。

定理 5.2.7　设 $A=(U, V, R, P)$ 是双论域概率近似空间,$R_U(2^V)$ 是论域 V 的一个覆盖。则

$$G(A)+E_r(A)=\frac{|U|}{|V|} \log V,$$

定理 5.2.7 的证明参考文献[95]。

定理 5.2.7 说明双论域概率近似空间的不确定度量与其粗糙熵负相关。

由前面的定义可给出双论域概率粗糙集的粗糙熵如下。

定义 5.2.6　设 $A=\{U, V, R, P\}$ 是双论域概率近似空间，$R_U(2^V)$ 是论域 V 的一个覆盖。对任意 $X\in 2^V$，$\mu_P(X, \alpha, \beta)$ 是关于近似空间的粗糙度。则

$$E_r(X)=-\mu_P(X, \alpha, \beta)\sum_{x\in U}\frac{1}{V}\log\frac{1}{|R(x)|},$$

称作双论域概率粗糙集 X 关于 $A=(U, V, R, P)$ 的粗糙熵。

上面定义的粗糙熵不仅考虑了集合 X 上、下近似本身的不确定性，而且同时综合了近似空间本身所隐含的不确定信息。因此，其能够比较精确地刻画双论域概率粗糙集不确定性的本质。

注 5.2.2　若 $U=V$，则上面关于双论域概率粗糙集不确定性度量的定义即退化为单个论域上相应的概念[129]。

例 5.2.2(续例 5.2.1)　由定义 5.2.4 和定义 5.2.5，我们可计算得如下结论：

$$\begin{aligned}G(A)&=-\sum_{x\in U}\frac{1}{V}\log\frac{|R(x)|}{|V|}\\&=-\frac{1}{4}\left(\log\frac{3}{4}+\log\frac{2}{4}+\log\frac{1}{4}+\log\frac{1}{4}+\log\frac{2}{4}\right)\\&=2-\frac{1}{4}\log 3,\end{aligned}$$

$$\begin{aligned}E_r(A)&=-\sum_{x\in U}\frac{1}{V}\log\frac{1}{|R(x)|}\\&=-\frac{1}{4}\left(\log\frac{1}{3}+\log\frac{1}{2}+\log 1+\log 1+\log\frac{1}{2}\right)\end{aligned}$$

$$= \frac{1}{2} + \frac{1}{4}\log 3,$$

故

$$G(A) + E_r(A) = 2 - \frac{1}{4}\log 3 + \frac{1}{2} + \frac{1}{4}\log 3 = \frac{5}{2}$$
$$= \frac{5}{4}\log 4 = \frac{|U|}{|V|}\log V。$$

此即定理 5.2.7 的结论。

同理,可计算 $X \in 2^V$ 关于近似空间 $A = (U, V, Q, P)$ 的粗糙熵为

$$E_q(A) = -\sum_{x \in U} \frac{1}{V}\log \frac{1}{|R(x)|}$$
$$= -\frac{1}{4}\left(\log 1 + \log 1 + \log 1 + \log \frac{1}{3} + \log \frac{1}{2}\right)$$
$$= \frac{1}{4} + \frac{1}{4}\log 3。$$

所以,

$$E_r(X) = -\mu_P(X, \alpha, \beta)E_r(A) = \frac{1}{4}\left(\frac{1}{2} + \frac{1}{4}\log 3\right) = \frac{1}{8} + \frac{1}{16}\log 3,$$

$$E_q(X) = -\mu_P(X, \alpha, \beta)E_q(A) = \frac{1}{4}\left(\frac{1}{4} + \frac{1}{4}\log 3\right) = \frac{1}{16} + \frac{1}{16}\log 3。$$

因此, $E_r(X) \neq E_q(X)$。

5.2.3　双论域 Bayesian 风险决策过程

概率粗糙集虽然能够克服 Pawlak 粗糙集在分类时由于缺乏容错机制而产生的规则适应性较低的不足,能够较好地适应含有不一致信息决策信息系统的分类决策问题。但是,其并没有给出上、下近似中阈值参数确定

的统一方法或者程序化的选择方法，而是完全由决策者的主观偏好、领域专家的直接经验判断或者依赖于对实际问题进行反复试验来确定具体的阈值。因而，很难用统一的标准来评价比较不同参数选择及其对应的决策结论。同时，对阈值参数也没有给出比较统一的、合理的语义解释，因而使得理论模型应用于现实的管理决策问题获得决策结论之后对决策结果的解释力不尽完美，或者说理论模型对实际问题的决策结论的解释不够自然、合理，进而在一定程度上影响了粗糙集理论的应用研究。基于此，Yao等于 1990 年提出了决策粗糙集[127,124,125,130,131]。决策粗糙集是在 Pawlak 粗糙集中引入概率包含关系，并利用 Bayesian 风险决策分析[131]的思想确定概念边界，进而建立了具有噪声容忍机制的决策粗糙集模型。

决策粗糙集的主要贡献在于：一方面其为概率粗糙集中的阈值参数确定提供了一种相对比较可观的、统一的程序化计算方法；另一方面，其对概率粗糙集中的阈值参数赋予了比较合理的语义解释。这一点对于将概率粗糙集应用于现实管理科学中的不确定决策问题尤为重要。

正如 5.1 节中所指出，双论域概率粗糙集研究的直接动机之一是源于现实管理科学中实际问题的需要，其是单论域概率粗糙集的合理推广，其基本思想方法亦直接来源于单论域概率粗糙集。因此，单论域上概率粗糙集存在的阈值参数选择问题对双论域概率粗糙集而言依然是需要进一步讨论的重点之一。

本书基于决策粗糙集的基本原理，给出双论域上 Bayesian 决策分析过程。

设 U, V 是两个非空有限论域，$2^V = \{X_1, X_2, \cdots, X_k\}$ 为 k 个有限状态集，$D = \{d_1, d_2, \cdots, d_m\}$ 为 m 个有限的决策集。条件概率 $P(X_j \mid R(x))$ 表示对象 $x \in U$ 关于集值映射 R 在论域 V 中的像集 $R(x)$ 在状态集 $X_j (j = 1, 2, \cdots, k)$ 下的条件概率。

令 $\lambda(d_i \mid X_j)$ 表示当决策者在状态 $X_j (j = 1, 2, \cdots, k)$ 下采取决策 d_i

的损失或者代价。

对论域U上任意对象$x \in U$，其关于集值映射R的特征描述集$R(x)$是论域V中的子集。若决策者在此特征描述集$R(x)$条件下采取决策d_i，则期望损失为

$$E(d_i \mid R(x)) = \sum_{j=1}^{k} \lambda(d_i \mid X_j) P(X_j \mid R(x))。 \tag{5-1}$$

对论域U上任意对象$x \in U$，令$\tau(R(x))$为一个决策规则。则有$\tau(R(x)) \in D$。进而$E(\tau(R(x)) \mid R(x))$就是决策者对于论域U上的对象x关于论域V中状态描述集$R(x)$采取决策$\tau(R(x))$的条件风险。

则可得关于决策规则$\tau(R(x))$的总体期望风险为

$$\mathfrak{R} = \sum_{x \in U} E(\tau(R(x)) \mid R(x)) P(R(x))。 \tag{5-2}$$

这里$P(R(x))$是U上对象x关于论域V中状态描述$R(x)$的先验概率。

显然，对于任意决策规则$\tau(R(x)) \in D$，如果其关于论域V中的状态描述集$R(x)$的条件风险$E(\tau(R(x)) \mid R(x))$取得最小值，则总体期望风险$\mathfrak{R}$一定达到最小值。因此，Bayesian风险决策的核心问题就是寻找使得条件风险$E(d_i \mid R(x))$最小的决策$d_i(d_i \in D)$，从而实现总体期望风险最小的目标。

一般而言，若同时有多个决策$d_i(d_i \in D)$使得总体期望风险$\mathfrak{R}$达到最小值，则由决策者根据实际问题选择其一即可。

5.2.4　双论域概率粗糙集与 Bayesian 风险决策的关系

利用双论域上的Bayesian风险决策过程以及三枝决策的原理[132-135]，可给出双论域概率粗糙集的另一种建模方法。

设U, V是两个非空有限论域，对任意$X \in 2^V$，其状态集为$\Omega = \{X,$

$X^C\}$。依据三枝决策的原理，设决策集 $D=\{d_1, d_2, d_3\}$，其中 d_1，d_2 与 d_3 分别表示把对象 $x \in U$ 划入正域 $Pos(X, \alpha)$，负域 $Neg(X, \beta)$ 和边界域 $Bn(X, \alpha, \beta)$ 这 3 种决策。根据三枝决策的基本思想，决策 d_1，d_2 与 d_3 分别表示接受某事件、延迟决策和拒绝某事件 3 种决策行动。

对任意对象 $x \in U$，其在集值映射 R 下的特征描述集为 $R(x)$ $(R(x) \in 2^V)$，则可得关于决策对象 x 的 3 种可能的决策分别如下：

(1) 若 $x \in Pos(X, \alpha)$，则采取决策 d_1，即 d_1：$x \to Pos(X, \alpha)$；

(2) 若 $x \in Neg(X, \beta)$，则采取决策 d_2，即 d_2：$x \to Neg(X, \beta)$；

(3) 若 $x \in Bn(X, \alpha, \beta)$，则采取决策 d_3，即 d_3：$x \to Bn(X, \alpha, \beta)$。

记 $\lambda_{i1} = \lambda(d_i \mid X)$；$\lambda_{i2} = \lambda(d_i \mid X^C)$ $(i=1, 2, 3)$。

称 $\lambda_{ij}(i=1, 2, 3;\ j=1, 2)$ 为决策风险系数，其中 $\lambda(d_i \mid X)$ 表示当对象 x 具有特征描述 X 时采取决策 d_i 的风险，而 $\lambda(d_i \mid X^C)$ 则表示对象 x 不具有特征描述 X 时采取决策 d_i 的风险。

基于上面的决策规则，由全概率公式和式(5-1)可得决策者采取决策 d_i 的条件风险 $E(d_i \mid R(x))$ 为

$$E(d_i \mid R(x)) = \lambda_{i1} P(X \mid R(x)) + \lambda_{i2} P(X^C \mid R(x)) \ (i=1, 2, 3)。 \tag{5-3}$$

则根据双论域 Bayesian 决策过程可得最小风险决策规则如下：

(P) 若 $E(d_1 \mid R(x)) \leqslant E(d_2 \mid R(x))$ 且 $E(d_1 \mid R(x)) \leqslant E(d_3 \mid R(x))$，则采取决策 d_1；

(N) 若 $E(d_2 \mid R(x)) \leqslant E(d_1 \mid R(x))$ 且 $E(d_2 \mid R(x)) \leqslant E(d_3 \mid R(x))$，则采取决策 d_2；

(B) 若 $E(d_3 \mid R(x)) \leqslant E(d_1 \mid R(x))$ 且 $E(d_3 \mid R(x)) \leqslant E(d_2 \mid R(x))$，则采取决策 d_3。

此外，由全概率公式知下式成立：

$$P(X \mid R(x)) + P(X^C \mid R(x)) = 1, \tag{5-4}$$

其中决策风险系数 $\lambda_{ij}(i=1, 2, 3; j=1, 2)$ 由决策者根据实际问题事先确定。

一般而言,可对于决策风险系数之间的关系作如下假设:

接受正确事实的损失风险不大于延迟接受正确事实的损失风险,且这两者都小于拒绝正确事实的损失风险;同样,拒绝错误事实的损失风险不大于延迟拒绝错误事实的损失风险,且这两者都小于接受错误事实的损失风险[132-135]。

因此,对决策风险系数 $\lambda_{ij}(i=1, 2, 3; j=1, 2)$ 有如下关系:

$$\lambda_{11} \leqslant \lambda_{31} < \lambda_{21},\ \lambda_{12} > \lambda_{32} \geqslant \lambda_{22}。 \tag{5-5}$$

结合式(5-3)、式(5-4)与式(5-5)可给出下面的双论域上 Bayesian 最小风险决策规则新的表述形式:

(P) 若 $P(X \mid R(x)) \geqslant \gamma$ 且 $P(X \mid R(x)) \geqslant \alpha$, 则采取决策 d_1;

(N) 若 $P(X \mid R(x)) \leqslant \gamma$ 且 $P(X \mid R(x)) \leqslant \beta$, 则采取决策 d_2;

(B) 若 $\beta \leqslant P(X \mid R(x)) \leqslant \alpha\ (\beta \leqslant \alpha)$, 则采取决策 d_3。

其中

$$\alpha = \frac{\lambda_{12} - \lambda_{32}}{(\lambda_{31} - \lambda_{11}) + (\lambda_{12} - \lambda_{32})};$$

$$\beta = \frac{\lambda_{32} - \lambda_{22}}{(\lambda_{21} - \lambda_{31}) + (\lambda_{32} - \lambda_{22})}; \tag{5-6}$$

$$\gamma = \frac{\lambda_{12} - \lambda_{22}}{(\lambda_{21} - \lambda_{11}) + (\lambda_{12} - \lambda_{22})}。$$

由此可见,双论域上的 Bayesian 风险决策规则的获取完全由事先给定的 6 个风险系数 $\lambda_{ij}(i=1, 2, 3; j=1, 2)$ 所确定的阈值参数 α 与 β 唯一决定。

由式(5-5)易知 $\alpha \in [0, 1]$，$\gamma \in (0, 1)$，$\beta \in [0, 1]$。进一步由式(5-6)的表达式以及不等式的知识可得 $\beta < \gamma < \alpha$ 成立。从而，可得如下由阈值参数 α 与 β 表示的关于决策对象 x 的最小风险决策规则：

(P1) 若 $P(X \mid R(x)) \geqslant \alpha$，则采取决策 d_1，即 d_1：$x \rightarrow Pos(X, \alpha)$；

(N1) 若 $P(X \mid R(x)) \leqslant \beta$，则采取决策 d_2，即 d_2：$x \rightarrow Neg(X, \beta)$；

(B1) 若 $\beta \leqslant P(X \mid R(x)) \leqslant \alpha$，则采取决策 d_3，即 d_3：$x \rightarrow Bn(X, \alpha, \beta)$。

此时，若取 $P(X \mid R(x)) = \alpha$ 时为正域决策，而 $P(X \mid R(x)) = \beta$ 时为负域决策。则有下面的结论：

$$Pos(X, \alpha) = \{x \in U \mid P(X \mid R(x)) \geqslant \alpha\},$$

$$Neg(X, \beta) = \{x \in U \mid P(X \mid R(x)) \leqslant \beta\},$$

$$Bn(X, \alpha, \beta) = \{x \in U \mid \beta < P(X \mid R(x)) < \alpha\},$$

故

$$\underline{apr}_P^{\alpha}(X) = \{x \in U \mid P(X \mid R(x)) \geqslant \alpha\};$$

$$\overline{apr}_P^{\beta}(X) = \{x \in U \mid P(X \mid R(x)) > \beta\}。$$

此即 5.2.1 节中给出的双论域概率粗糙集的下、上近似。

由上面的结论容易知道，通过双论域上的 Bayesian 风险决策过程推导出了双论域上的概率粗糙集模型。所以，利用双论域上的 Bayesian 决策分析过程获得了如下两方面的主要结果：

(1) 给出了双论域概率粗糙集中阈值参数的一个比较合理、客观的语义解释，即阈值参数 α，β 表示实际决策中的最小决策风险；

(2) 给出了计算阈值参数的程序化方法。

正如 5.2.1 节中所述，由于双论域概率粗糙集中含有两个阈值参数 α，β，所以其不同取值范围的限定可以获得其他 3 种类型双论域概率近似空间中上、下近似算子的定义。同样，利用双论域上的 Bayesian 风险决策过程，通过对决策规则中决策阈值的选择我们也可以推导出与其他 3 种类型的双论域概率上、下近似相对应的模型。

根据前面的讨论过程，可得如下关于双论域概率粗糙集与 Bayesian 风险决策之间关系的结论。

命题 5.2.1　对任意双论域概率粗糙集模型，必存在与之对应的一类 Bayesian 风险决策问题。

5.3　基于双论域概率粗糙集的最优应急预案选择决策

5.3.1　问题描述

基于应急预案的应急决策过程就是根据不同类型、性质的预案预先设定评价指标和评价准则，然后利用相关的评价模型与方法对给定的预案进行综合评价，进而基于综合评价结果针对不同的突发事件的实时情景特征选择最适合的应急预案付诸实施。

事实上，应急预案评价的指标和标准本质上是关于应急预案基本特征的刻画。结合 5.1 节中的分析，这里对应急预案的评价指标不进行专家打分或者两两比较，而把评价应急预案的全部指标如针对性、完备性、处置突发事件的快速性等具体特征准则看作一个集合，记为 V，表示应急预案基本特征。亦即 $V=\{y_1, y_2, \cdots, y_n\}$，其中论域 V 中元素的含义可解释为：y_1：针对性强，y_2：物资人员调配合理，y_3：部门间协作性好，……，y_n：费用合理。一般地，V 是有限集（因为描述应急预案基本特征的指标是有限数量）。同时，把同类突发事件的全体应急预案看作一个集合，记为 U，即 $U=\{x_1, x_2, \cdots, x_m\}$，其中 x_i 表示第 i 个应急预案。

称 $U \times V$ 的子集 R 为应急预案集合 U 和应急预案基本特征(评价指标)集 V 之间的相容关系。亦即,任 $x \in U$, $y \in V$,存在 $y_0 \in V$, $x_0 \in U$,使得 (x, y_0), $(x_0, y) \in R$。显然,二元相容关系 R 定义了论域 U 与 V 上的一个集值映射:

$$F: U \to 2^V, x \to \{y \in V \mid (x, y) \in R\}。$$

即对任意应急预案 $x(x \in U)$,其所具有的基本特征为 $F(x) \in 2^V$。

基于双论域概率粗糙集的最优应急预案选择决策问题可描述如下:

在给定同类突发事件全体应急预案及其基本特征的条件下,面对突发事件,由决策者根据突发事件的实时情景确定处置突发事件的方案应具备的基本特征,即决策者给出处理突发事件最优方案的特征因素。然后根据每个应急预案的基本特征选择与最优方案的基本特征贴近度最大,且具有最小风险损失的应急预案作为最优决策方案予以实施。

5.3.2 模型与算法

由前面的分析与描述,本节利用双论域上最小风险 Bayesian 决策过程给出基于应急预案的突发事件应急决策模型与方法。即具有最小风险损失的最优应急预案选择方法。

设 $Y \in 2^V$ 表示决策者根据突发事件实时情景确定的理想应急决策方案基本特征集合。即,具有集合 Y 中特征的应急决策方案是处置突发事件的最优方案。$Y = \{$预案完备性好,针对性强,处置时间较短,后期处置全面,保障措施齐全,事故分析深入,资源损耗低,救援队伍数量小$\}$ 即为决策者给出的处置突发事件理想应急决策方案的全部特征。因此,决策的状态集为 $\Omega = \{Y, Y^C\}$,决策行动集合 $D = \{a_P, a_B, a_N\}$ 分别表示接受、延迟决策和拒绝 3 种行动。

一般而言,对任何决策问题只要决策者做出决策,不论正确与否都会有风险或损失。因此,采取不同行动会产生不同的损失,所以,记 λ_{PP}, λ_{BP} 和 λ_{NP} 分别表示当 $x(x \in U)$ 属于 Y 时采取行动 a_P, a_B 和 a_N 的损失(即当某个应急预案 x 符合决策者理想的应急决策方案特征 Y 时,决策者选择应急预案 x,延迟选择应急预案 x 和不选择应急预案 x 所带来的各种损失总和)。同样地,记 λ_{PN}, λ_{BN} 和 λ_{NN} 分别表示当 $x(x \in U)$ 不属于 Y 时采取决策 a_P, a_B 和 a_N 的损失(即当某个应急预案 x 不符合决策者理想的应急决策方案特征 Y 时,决策者选择应急预案 x, 延迟选择 x 和不选择 x 所带来的各种损失总和)。

由前面的分析知:对任意 $x \in U$, $F(x)$ 为应急预案 x 所具有的基本特征。则由(6-1)可得采取 a_P, a_B 和 a_N 3 种决策的期望损失分别为

$$R(a_P \mid F(x)) = \lambda_{PP}P(Y \mid F(x)) + \lambda_{PN}P(Y^C \mid F(x)), \quad (5-7)$$

$$R(a_B \mid F(x)) = \lambda_{BP}P(Y \mid F(x)) + \lambda_{BN}P(Y^C \mid F(x)), \quad (5-8)$$

$$R(a_N \mid F(x)) = \lambda_{NP}P(Y \mid F(x)) + \lambda_{NN}P(Y^C \mid F(x)), \quad (5-9)$$

由双论域 Bayesian 决策原理,要选择期望损失最小的决策集作为最优决策。于是,可得如下 3 条决策规则。

(P) 若 $R(a_P \mid F(x)) \leqslant R(a_B \mid F(x))$, $R(a_P \mid F(x)) \leqslant R(a_N \mid F(x))$, 选择 $x(x \in U)$;

(B) 若 $R(a_B \mid F(x)) \leqslant R(a_P \mid F(x))$, $R(a_B \mid F(x)) \leqslant R(a_N \mid F(x))$, 延迟决策(获取更多信息之后再做决策);

(N) 若 $R(a_N \mid F(x)) \leqslant R(a_P \mid F(x))$, $R(a_N \mid F(x)) \leqslant R(a_B \mid F(x))$, 不选择 $x(x \in U)$。

由全概率公式有

$$P(Y \mid F(x)) + P(Y^C \mid F(x)) = 1, \quad (5-10)$$

对任意 $x(x \in U)$ 成立。

易知上述决策规则只与条件概率 $P(Y \mid F(x))$ 和损失函数 λ 有关。

对实际的决策而言,选择具有理想特征的应急预案所带来的损失不大于延迟决策所带来的损失,这两者都小于不选择具有理想特征应急预案所带来的损失;同样地,不选择不具有理想特征的应急预案所带来的损失不大于延迟决策所带来的损失,这两者都小于选择不具有理想特征应急预案所带来的损失。此即损失函数 λ 满足如下关系:

$$0 \leqslant \lambda_{PP} \leqslant \lambda_{BP} < \lambda_{NP}, \quad 0 \leqslant \lambda_{NN} \leqslant \lambda_{BN} < \lambda_{PN}。 \tag{5-11}$$

联立式(5-10)、式(5-11)求解规则(P),(B)和(N)可得如下形式的结论:

$$(\mathrm{P})\ P(Y \mid F(x)) \geqslant \frac{(\lambda_{PN} - \lambda_{BN})}{(\lambda_{PN} - \lambda_{BN}) + (\lambda_{BP} - \lambda_{PP})};$$

$$P(Y \mid F(x)) \geqslant \frac{(\lambda_{PN} - \lambda_{NN})}{(\lambda_{PN} - \lambda_{NN}) + (\lambda_{NP} - \lambda_{PP})};$$

$$(\mathrm{B})\ \frac{(\lambda_{BN} - \lambda_{NN})}{(\lambda_{BN} - \lambda_{NN}) + (\lambda_{NP} - \lambda_{BP})} \leqslant P(Y \mid F(x)) \leqslant \frac{(\lambda_{PN} - \lambda_{BN})}{(\lambda_{PN} - \lambda_{BN}) + (\lambda_{BP} - \lambda_{PP})};$$

$$(\mathrm{N})\ P(Y \mid F(x)) \leqslant \frac{(\lambda_{PN} - \lambda_{NN})}{(\lambda_{PN} - \lambda_{NN}) + (\lambda_{NP} - \lambda_{PP})};$$

$$P(Y \mid F(x)) \leqslant \frac{(\lambda_{BN} - \lambda_{NN})}{(\lambda_{BN} - \lambda_{NN}) + (\lambda_{NP} - \lambda_{BP})}。$$

令

$$\alpha = \frac{(\lambda_{PN} - \lambda_{BN})}{(\lambda_{PN} - \lambda_{BN}) + (\lambda_{BP} - \lambda_{PP})} = \left(1 + \frac{\lambda_{BP} - \lambda_{PP}}{\lambda_{PN} - \lambda_{BN}}\right)^{-1}; \tag{5-12}$$

$$\beta = \frac{(\lambda_{BN} - \lambda_{NN})}{(\lambda_{BN} - \lambda_{NN}) + (\lambda_{NP} - \lambda_{BP})} = \left(1 + \frac{\lambda_{NP} - \lambda_{BP}}{\lambda_{BN} - \lambda_{NN}}\right)^{-1}; \tag{5-13}$$

$$\gamma=\frac{(\lambda_{PN}-\lambda_{NN})}{(\lambda_{PN}-\lambda_{NN})+(\lambda_{NP}-\lambda_{PP})}=\left(1+\frac{\lambda_{NP}-\lambda_{PP}}{\lambda_{PN}-\lambda_{NN}}\right)^{-1}。\quad(5-14)$$

由规则(B)知：$\alpha>\beta$，故有 $\frac{\lambda_{BP}-\lambda_{PP}}{\lambda_{PN}-\lambda_{BN}}<\frac{\lambda_{NP}-\lambda_{BP}}{\lambda_{BN}-\lambda_{NN}}$。

由不等式的基本知识有：$\frac{\lambda_{BP}-\lambda_{PP}}{\lambda_{PN}-\lambda_{BN}}<\frac{\lambda_{NP}-\lambda_{PP}}{\lambda_{PN}-\lambda_{NN}}<\frac{\lambda_{NP}-\lambda_{BP}}{\lambda_{BN}-\lambda_{NN}}$。所以，

$$0\leqslant\beta<\gamma<\alpha\leqslant 1。$$

上述推导过程与经典单论域上 Bayesian 风险决策相应结论的推导过程完全类似[103]。

基于上面的讨论，前面的决策规则可重新表述为如下方式：

(P1) 若 $P(Y\mid F(x))\geqslant\alpha$，则选择应急预案 $x(x\in U)$；

(B1) 若 $\beta<P(Y\mid F(x))<\alpha$，则延迟决策，即暂不决定是否选择应急预案 $x(x\in U)$；

(N1) 若 $P(Y\mid F(x))\leqslant\beta$，则不选择应急预案 $x(x\in U)$。

在现实的应急管理实践中，对于全体应急预案 $x(x\in U)$ 而言，可能并不存在与决策者给出的理想应急决策方案特征集 Y 中全体特征指标完全一致的应急预案。因此，与理想应急决策方案特征 Y 具有较高相似度或重合度的应急预案 $x(x\in U)$ 即为决策者的最优选择方案。而上面的条件概率 $P(Y\mid F(x))$ 恰好表达了这一基本思想。即 $P(Y\mid F(x))$ 表示具有基本特征描述 $F(x)\in 2^V$ 的应急预案 x 与决策者理想决策方案特征 Y 之间的相似度；阈值参数 $\alpha,\ \beta\in[0,\ 1]$ 则反映了对于给定的理想应急决策方案特征 Y，决策者选择具有基本特征描述 $F(x)$ 的应急预案 $x(x\in U)$ 的风险。

由于不同的应急预案具有各自的侧重点和特定类型的应急处理场景，因此并不存在严格意义上的最优和最劣应急预案。即并不存在某个应急预案完全满足突发事件应急处置所需理想应急决策方案的全部特征。所以，对于任何一个突发事件而言，当决策者选择某个应急预案 $x(x\in U)$ 进

行应急处置时必然会产生不同的损失或者风险，而利用式(5-12)和式(5-13)能够计算与之对应的阈值参数 α_x 与 β_x. 因此，对突发事件的应急决策而言，其最优决策就是寻找具有最小决策失误风险和最大决策精度的应急预案 $x(x \in U)$。

所以，由 5.2.4 节中双论域 Bayesian 风险决策原理知，该问题的最优决策就是进入最优理想应急预案特征集 $Y(Y \subseteq V)$ 的正域中所有对象 $x(x \in U)$，或者是满足决策规则(P1)的对象 $x(x \in U)$。

对某个具体的突发事件而言，由于其类型和性质等属性特征决定了其对决策失误风险敏感性各不相同。比如，对于恐怖袭击事件延迟决策的直接结果将是造成更多的无辜人员伤亡，而对于群体性事件其延迟决策的直接结果将是造成更多公共财物损失。显然，不同决策者对于这两种不同的突发事件影响结果的直觉判断并不一致，亦即决策者的风险偏好不同。

因此，对于同一类型的突发事件不同的决策者可能给出不同的损失函数或者风险损失值。同样，对于同一类型的突发事件同一个决策对所有备选应急预案的损失函数的确定也可能出现由于决策者对不同预案特征的偏好而出现不一致性。所以，为尽可能地规避不同决策者之间直觉判断的差异或同一个决策者对不同预案特征偏好而产生的不一致性，需要首先根据每个应急预案 x 的阈值参数 α_x 与 β_x 确定在全体应急预案集合 U 上阈值参数的最大值 α_M。其计算公式如下：

$$\alpha_M = \max\{\alpha_x \mid x \in U\}。\qquad (5-15)$$

称全体应急预案 $x(x \in U)$ 阈值参数的最大值 α_M 为应急决策的决策精度。

由前面的讨论易知，阈值参数 α_x 与 β_x 由决策者根据突发事件的实时情景结合自身直觉判断和风险偏好预先给出损失函数 λ，并由式(5-12)和式(5-13)计算获得实际数值。

最后，依据全体应急预案阈值参数的最大值 α_M，利用前面给出的最优决策规则(P1)，可以给出突发事件应急处置的最优决策选择。

下面给出突发事件最优应急预案选择决策的双论域概率粗糙集算法。

输　入　双论域应急决策信息系统 (U, V, R)。

输　出　最优应急决策预案。

第 1 步　给出应急预案 $x(x \in U)$ 的损失函数 λ。

第 2 步　计算应急预案 $x(x \in U)$ 的阈值参数 α_x 与 β_x。

第 3 步　计算最大阈值参数 α_M。

第 4 步　给出最适合突发事件实时情景的理想的应急预案特征集 Y。

第 5 步　基于最大阈值参数 α_M，计算条件概率 $P(Y \mid F(x))$，利用决策规则(P1)给出最优应急决策。

5.3.3　数值算例

设 $U = \{x_1, x_2, \cdots, x_8\}$ 是针对某类突发事件预先制定的 8 个应急预案。V 是应急预案基本特征集合，假定其主要包含以下基本特征：危险源识别全面(y_1)，预防预警方案完备(y_2)，预案编制规范(y_3)，后期处置方案完备(y_4)，救援方案完备(y_5)，较好的应急资源可追踪性(y_6)，全面的突发事件设想针对性(y_7)，预案要素完备(y_8)，救援小组成员合理(y_9)，响应级别清晰(y_{10})，应急处置快速(y_{11})，保障措施有效(y_{12})，救援步骤合理(y_{13})，救援机构职责明确(y_{14})，应急资源、费用使用合理(y_{15})。即 $V = \{y_1, y_2, \cdots, y_{15}\}$。

假设每个应急预案最显著的基本特征分别描述如下：

$$F(x_1) = \{y_3, y_4, y_8, y_{10}, y_{12}, y_{15}\},$$

$$F(x_2) = \{y_2, y_5, y_7, y_{10}, y_{11}, y_{15}\},$$

$$F(x_3) = \{y_2, y_5, y_8, y_9, y_{13}, y_{14}\},$$

$$F(x_4)=\{y_1, y_5, y_8, y_{10}, y_{12}, y_{14}\},$$

$$F(x_5)=\{y_1, y_5, y_6, y_9, y_{13}, y_{14}\},$$

$$F(x_6)=\{y_2, y_5, y_6, y_9, y_{11}, y_{15}\},$$

$$F(x_7)=\{y_1, y_4, y_7, y_9, y_{12}, y_{15}\},$$

$$F(x_8)=\{y_1, y_5, y_8, y_{10}, y_{13}, y_{14}\}。$$

由前面的分析知，对同一个突发事件采用不同的应急预案其对应于不同的损失函数。表 5 - 1 给出了 8 个应急预案所对应的损失函数值(该数值由领域专家预先给定)。

表 5 - 1　损 失 函 数

U	λ_{PP}	λ_{BP}	λ_{NP}	λ_{NN}	λ_{BN}	λ_{PN}
x_1	0.4	0.6	0.7	0.1	0.2	0.8
x_2	0.3	0.4	0.7	0.1	0.3	0.5
x_3	0.3	0.3	0.9	0.5	0.7	0.8
x_4	0.2	0.5	0.8	0.5	0.6	0.8
x_5	0.1	0.3	0.6	0.3	0.4	0.7
x_6	0.2	0.6	0.8	0.4	0.5	0.9
x_7	0.2	0.6	1.0	0.2	0.3	0.5
x_8	0.0	0.2	0.5	0.6	0.7	1.0

由式(5 - 12)和式(5 - 13)可计算阈值参数 α_x 与 β_x 结果如表 5 - 2。

表 5 - 2　阈 值 参 数

U	x_1	x_2	x_3	x_4	x_5	x_6	x_7	x_8
α_x	0.75	0.667	0.5	0.4	0.6	0.5	0.333	0.6
β_x	0.5	0.2	0.25	0.25	0.25	0.333	0.2	0.5

由式(5－15)容易计算得最大决策精度如下：

$$\alpha_M = \max\{\alpha_{x_i} \mid x_i \in U, i = 1, 2, \cdots, 8\} = 0.75。$$

假定对某个突发事件,决策者根据突发事件的实时情景确定处置突发事件的理想应急决策方案应具有如下特征：

$$Y = \{y_1, y_5, y_6, y_9, y_{13}, y_{15}\}。$$

取 $P(Y \mid F(x)) = \dfrac{|Y \cap F(x)|}{|Y|}$,则容易计算得如下结果：

$$P(Y \mid F(x_1)) = 0.167, \qquad P(Y \mid F(x_2)) = 0.333,$$

$$P(Y \mid F(x_3)) = 0.5, \qquad P(Y \mid F(x_4)) = 0.25,$$

$$P(Y \mid F(x_5)) = 0.833, \qquad P(Y \mid F(x_6)) = 0.667,$$

$$P(Y \mid F(x_7)) = 0.667, \qquad P(Y \mid F(x_8)) = 0.5。$$

进而,由决策规则(P1)有如下结论：

$$Pos(Y) = \underline{apr}_P^{\alpha}(Y) = \{x_i \in U \mid P(Y \mid F(x_i)) \geqslant \alpha_M\} = \{x_5\}。$$

此即,应急预案 x_5 是最优应急决策方案,此时决策精度为 0.75。

5.4 本章小结

本章系统地研究了双论域上的概率粗糙集理论,包括双论域概率粗糙集的基本性质,双论域概率粗糙集上、下近似关于参数的连续性。在引入经典香农(Shannon)熵的基础上讨论了双论域概率粗糙集的不确定性度量。为克服双论域概率粗糙集模型中参数阈值选取缺乏统一标准以及语义解释不充分的缺点,把经典 Bayesian 风险决策理论引入双论域概率粗糙集模型，利用三枝决策的基本原理给出了一种基于决策者风险损失函数的阈值参数计算方法。进而，建立了双论域概率粗糙集与 Bayesian 风险决策之间的关系。

同时，把双论域上概率粗糙集理论应用于突发事件应急预案的最优选择决策问题，给出了具有最小风险损失的最优应急预案选择决策模型与方法。通过一个应急管理中的模拟数值算例说明了本章提出的应急决策方法的应用过程。

综上所述，本章主要内容包括如下两个方面：

① 双论域概率粗糙集基础理论的系统研究；

② 基于双论域概率粗糙集的突发事件最优应急预案选择的应急决策模型与方法。

第6章 软模糊粗糙集及应急预案评价模型

6.1 引 言

应急预案是针对可能的重大突发事件或灾害，为保证迅速、有序、有效地开展应急救援行动与突发事件后灾区基本生产生活等方面恢复、重建的尽早顺利实施，降低事故损失而预先制定的有关计划或者行动方案[154]。如何防止突发事件引发严重的社会危机、如何在突发事件发生后采取最符合突发事件现实特征的应急方案，减少突发事件对社会造成严重冲击和影响，尽可能降低突发事件造成的损失、尽快扭转突发事件的状态并迅速展开突发事件后重建等是一个科学、合理的应急预案所应包含的基本内容。

关于突发事件应急预案的综合评价问题，已有研究主要停留在建立应急预案的重要意义、应急预案的流程、针对某一行业或某种灾害如何建立应急预案，或者对现有的预案进行比较，而对于突发事件发生后，如何选择恰当的应急处置预案获得理想的预期处置效果等相关的研究还不够充分[168]，即已有研究更多地侧重定性方面的研究。因此，构建定量的理论模型与方法对应急预案的优劣进行全面的评价将为突发事件实时情景下应急决策提供科学的决策参考。

突发事件如极端天气、地震等自然灾害或重大公共事件，其发生具有突发性、不确定性等特征，而且人们无法事先获得准确的预测。因此，为有效地应对突发事件只能预先根据以往同类事件的处置经验制订应对方案。对于已经制订的某类突发事件的应急预案，通过对预案的综合评价可以较早地发现预案中存在的问题，从而不断地修正和进一步完善预案以避免有效性差的预案去付诸实施，造成应急救援不利而带来更大的损失。

本章把对经典粗糙集理论与软集相结合提出了一种新的数学结构：软模糊粗糙集，详细研究了软模糊粗糙集的数学性质以及与其他粗糙集模型的联系与区别。同时，以突发事件应急预案评估问题为研究对象，在分析已有关于应急预案评估基本方法优缺点的基础上，把软模糊粗糙集应用于突发事件应急预案评价问题，给出了一种较少依赖决策者主观偏好、可操作性强的评价模型与方法。

基于软模糊粗糙集的应急预案评价方法基本过程可简要描述如下。

首先，在软模糊集框架下给出了应急预案的定量描述，在此基础上借鉴传统 TOPSIS 方法中正负理想点的原理确定了所有待评估预案的最优和最差目标预案。其次，利用软模糊粗糙集的定义分别计算最优和最差目标预案关于软模糊近似空间(或软模糊信息系统) $(U, E, \widetilde{F}^{-1})$ 的上、下近似。最后，通过定义软贴近度的概念给出了每个应急预案的得分函数并获得其综合评价。

6.2 软　　集

软集理论是俄罗斯学者 Molodtsov[169] 在分析概率论、模糊数学、区间数学等处理不确定性问题的数学理论不足的基础上于 1999 年首次提出。随后，印度学者 Maji、Biswa 和 Roy 等人[170] 比较系统地讨论了软集的相关数学性质，并给出了软集在管理决策问题中的应用研究。最近，软集理论得到了迅速的发展，许多学者先后提出了模糊软集[171]、区间模糊软集、软粗糙集[172]等各种推广的形式。目前，软集理论的研究主要集中在与其他处理不确定性数学理论的结合，软集合的参数约简以及在管理科学中不确定决策问题的应用研究等[173]。

下面简要介绍软集的基本概念。

设 U 是非空有限论域，E 是与论域 U 中对象关联的参数集。

定义 6.2.1[183]　称 (F, E) 是论域 U 上的一个软集合当且仅当 F 是 E 到 U 的所有子集的一个映射。

每个映射 $F(e)(e \in E)$ 都可以看作是软集合 (F, E) 中 e-元素的集合，或者是软集合 (F, E) 中 e-近似元素集合。

下面的简单例子给出了软集合比较直观的解释[183]。

例 6.2.1　设软集合 (F, E) 描述了 X 先生打算购买房子的基本特点。全体待选房子集合 $U = \{h_1, h_2, \cdots, h_6\}$ 是考虑的 6 个房子，参数集 $E = \{\text{Very Costly}(e_1), \text{Beautiful}(e_2), \text{Wooden}(e_3), \text{Cheap}(e_4), \text{In the green surrounding}(e_5)\}$ 描述了房子的主要特征。其结果如表 6-1 所示（一般地，论域 U 上的一个软集合可以用一个二维数据表格来表示）。

表 6-1　软集的二维表格表示

U/E	e_1	e_2	e_3	e_4	e_5
h_1	0	1	0	1	1
h_2	1	0	0	0	0
h_3	0	1	1	1	0
h_4	1	0	1	0	0
h_5	0	0	1	1	0
h_6	1	1	0	0	1

事实上，定义一个软集意味着分别指出哪些是昂贵的房子、美丽的房子、环境最优美的房子等。设软集合(F, E)表示“最理想的房子”，其结果为

$$F(e_1)=\{h_2, h_4, h_6\},\quad F(e_2)=\{h_1, h_3, h_6\},$$

$$F(e_3)=\{h_3, h_4, h_5\},\quad F(e_4)=\{h_1, h_3, h_5\},$$

$$F(e_5)=\{h_1, h_6\}。$$

则映射$F(e_1)$表示房子2、房子4与房子6是昂贵的房子，其余的映射也可根据其包含元素的不同给予类似的解释。

由软集的定义知，论域U上的软集合(F, E)可以看作是U上参数化的子集族，其给出了论域U中对象的近似描述。

然而，对于实际的描述对象而言，同一个对象可能对所有的参数不都是完全确定的，即其描述可能具有一定的模糊性。因此，有下面模糊软集的概念。

定义 6.2.2[185]　设U是非空有限论域，E为参数集。任$A\subseteq E$，$\widetilde{F}$：$A\rightarrow F(U)$为从参数集A到$F(U)$上的模糊映射，则称$(\widetilde{F}, E)$是U上的模糊软集。

由模糊软集的定义易知，在软集的定义中用论域U上的模糊子集代替了经典精确子集。因此，每个软集也可以看作是一个特殊的模糊软集。一般地，模糊软集表示为$\widetilde{F}(\varepsilon)=\{(x, \widetilde{F}(\varepsilon)(x))\mid x\in U\}$。

比如在上面的例6.2.1中，集合

$$\widetilde{F}(e_2)=\frac{0.6}{h_1}+\frac{1.0}{h_2}+\frac{0.2}{h_3}+\frac{0.5}{h_4}+\frac{0.8}{h_5}+\frac{0.9}{h_6},$$

即为论域U中的6个房子分别关于参数集Beautiful(e_2)的不确定性描述。显然，$\widetilde{F}(e_2)$是论域U上的一个模糊集。

与软集合一样，模糊软集也可以看成是一个模糊信息系统，并且利用

二维数据表的形式表示出来，其中二维数据表中的数值取[0，1]中的实数。

注 6.2.1　由模糊软集的定义知软模糊映射$\widetilde{F}$：$A \to F(U)$ 本质上是论域 U 与参数集 E 之间的一个二元模糊关系。即对任意 $h_j \in U$，$e_i \in E$，$\widetilde{F}(e_i)(h_j) \in F(E \times U)$。

6.3　软模糊粗糙集

由软集的定义知，对参数集中任意参数 $e_i \in E$，可以确定具有参数 e_i 所描述特征的论域 U 中的对象。如例 6.2.1 中对象集 $F(e_1) = \{h_2, h_4, h_6\}$，$F(e_1)$ 表示房子 2、房子 4 与房子 6 是昂贵的房子。反过来，对论域 U 中某个确定的对象 $h_j \in U$，如何确定对象 h_j 的基本特征呢？基于此，下面给出伪软集的概念。

定义 6.3.1　称(F^{-1}, E)是论域 U 上的伪软集当且仅当 F^{-1} 是论域 U 到参数集 E 上的集值映射。即 $F^{-1}: U \to P(E)$。

换句话说，论域 U 上的伪软集(F^{-1}, E)可以看作是 U 上参数化的子集族。对任意 $\varepsilon \in E$，$F^{-1}(\varepsilon)$ 可以看作是伪软集(F^{-1}, E)的 ε-近似集。与软集一样，伪软集也不是一个集合，而是一个参数化的映射。

此处仍然利用例 6.2.1 给出伪软集的直观解释。

与软集一样，定义伪软集意味着需要指出每个房子的具体特征。由定义 6.3.1，可给出与表 6-1 所表示的软集合对应的伪软集如下：

$$F^{-1}(h_1) = \{e_2, e_4, e_5\}; \quad F^{-1}(h_2) = \{e_1\};$$

$$F^{-1}(h_3) = \{e_2, e_3, e_4\}; \quad F^{-1}(h_4) = \{e_1, e_3\};$$

$$F^{-1}(h_5) = \{e_3, e_4\}; \quad F^{-1}(h_6) = \{e_1, e_2, e_5\}。$$

容易知道，对伪软集 $F^{-1}(h_1)$ 的直观解释为房子 h_1 具有 3 个主要特征：

美丽、价格便宜和环境优美。

伪软集给出了论域U与参数集E之间关系的一种新的视角。即论域U中对象的基本特征由参数集E中的元素唯一刻画和描述。

与模糊软集[185]一样,利用伪软集的定义可以给出伪模糊软集的概念。

定义 6.3.2 设U是非空有限论域,E为参数集。序对$(\widetilde{F}^{-1}, E)$称作论域U上的伪模糊软集当且仅当$\widetilde{F}^{-1}$是论域U到参数集E上的模糊映射。即

$$\widetilde{F}^{-1}: U \rightarrow F(E)。$$

亦即,$\widetilde{F}^{-1}(h)(e) \in [0, 1]$, $\forall h \in U$, $e \in E$。

由伪模糊软集的定义知,软模糊映射$\widetilde{F}^{-1}: U \rightarrow F(E)$本质上是论域$U$与参数集$E$之间的一个二元模糊关系。即$\forall h_i \in U$, $e_j \in E$, $\widetilde{F}^{-1}(h_i)(e_j) \in F(U \times E)$。

一般而言,$\widetilde{F}^{-1}(h_i)(e_j)$并不满足自反性、对称性和传递性。因此,$\widetilde{F}^{-1}(h_i)(e_j)$仅仅是一般二元模糊关系而不是模糊等价关系。

基于伪软集的概念,下面给出软模糊粗糙集模型的定义。

定义 6.3.3 设$(\widetilde{F}^{-1}, E)$是论域U上的伪模糊软集。称三元组$(U, E, \widetilde{F}^{-1})$为软模糊近似空间。对任意模糊集$A \in F(E)$,其关于$(U, E, \widetilde{F}^{-1})$的下近似$\underline{F}(A)$和上近似$\overline{F}(A)$是论域$U$上的模糊集。其隶属度分别定义如下:

$$\underline{F}(A)(x) = \bigwedge_{y \in E}[(1 - \widetilde{F}^{-1}(x)(y)) \vee A(y)], \quad x \in U;$$

$$\overline{F}(A)(x) = \bigvee_{y \in E}[\widetilde{F}^{-1}(x)(y) \wedge A(y)], \quad x \in U。$$

序对$(\underline{F}(A), \overline{F}(A))$称作$A$关于软模糊近似空间$(U, E, \widetilde{F}^{-1})$的软模糊粗糙集。同时,称$\underline{F}$与$\overline{F}$: $F(E) \rightarrow F(U)$是软模糊近似空间中的下、上近似算子。

注 6.3.1　由于 $\widetilde{F}^{-1}$ 仅仅是一般二元模糊关系，故软模糊粗糙集下、上近似算子的包含关系 $\underline{F}(A) \subseteq \overline{F}(A)$ 一般不成立。

注 6.3.2　若($\widetilde{F}^{-1}$, E) 是论域 U 上的伪软集，则称(U, E, $\widetilde{F}^{-1}$) 是软近似空间；进一步，软模糊粗糙近似算子将退化为下面的形式：

$$\underline{F}(A)(x) = \bigwedge_{y \in \widetilde{F}^{-1}(x)} A(y), \qquad x \in U;$$

$$\overline{F}(A)(x) = \bigvee_{y \in \widetilde{F}^{-1}(x)} A(y), \qquad x \in U。$$

此时，序对($\underline{F}(A)$, $\overline{F}(A)$) 称作是软粗糙模糊集。

由上面的定义知软粗糙模糊集是软模糊粗糙集的特殊情形。亦即，定义 6.3.3 给出的软模糊粗糙集包含了软粗糙模糊集。这一结论与经典模糊粗糙集与粗糙模糊集之间的关系一致[103]。

注 6.3.3　设(U, E, $\widetilde{F}^{-1}$) 是软模糊近似空间。若 $A \in P(E)$，即 A 是参数集 E 上的分明集。则软模糊粗糙近似算子将退化为下面的形式：

$$\underline{F}(A)(x) = \bigwedge_{y \notin A} (1 - \widetilde{F}^{-1}(x)(y)), \qquad x \in U;$$

$$\overline{F}(A)(x) = \bigvee_{y \in E} \widetilde{F}^{-1}(x)(y), \qquad x \in U。$$

此时，下近似 $\underline{F}(A)$ 和上近似 $\overline{F}(A)$ 是参数集 E 中任意分明子集在软模糊近似空间中的粗糙近似。

注 6.3.4　若($\widetilde{F}^{-1}$, E) 是论域 U 上的伪软集，则(U, E, $\widetilde{F}^{-1}$) 退化为软近似空间。任 $A \in P(E)$，则软模糊粗糙近似算子将退化为下面的形式：

$$\underline{F}(A)(x) = \{y \in E \mid \exists x \in U, \ni y \in \widetilde{F}^{-1}(x) \subseteq A\},$$

$$\overline{F}(A)(x) = \{y \in E \mid \exists x \in U, \ni y \in \widetilde{F}^{-1}(x) \cap A \neq \varnothing\}。$$

此时，序对 ($\underline{F}(A)$, $\overline{F}(A)$) 称作是软粗糙集。则定义 6.3.3 给出的软模糊粗糙集退化为文献[190]中软粗糙集模型。因此，本书提出的软模糊粗糙集模型本质上给出了研究软粗糙集的一般性框架，其包含了已有的其他软粗糙集模型[190]。

另一方面，由软模糊粗糙集的定义方式可以看出，软模糊粗糙集实际上可以看作是基于模糊软集（伪模糊软集）的模糊粗糙集模型的自然推广。从这个意义上讲，软模糊粗糙集模型就是把模糊软集（伪模糊软集）和模糊粗糙集相结合而产生的一种新的数学结构。所以，软模糊粗糙集的研究思路也给出了一种结合软集与其他不确定性数学理论如区间值模糊集、直觉模糊集等新方法和途径。

下面，通过一个数值例子给出软模糊粗糙集定义和相关结论的直观解释。

例 6.3.1　表 6－2 给出了一个模糊软集[185]。

表 6－2　模糊软集 $(\widetilde{F}, E)$

U/E	e_1	e_2	e_3	e_4	e_5	e_6	e_7
h_1	0.3	0.1	0.4	0.4	0.1	0.1	0.5
h_2	0.3	0.3	0.5	0.1	0.3	0.1	0.5
h_3	0.4	0.3	0.5	0.1	0.3	0.1	0.6
h_4	0.7	0.4	0.2	0.1	0.2	0.1	0.3
h_5	0.2	0.5	0.2	0.3	0.5	0.5	0.4
h_6	0.3	0.5	0.2	0.2	0.2	0.3	0.3

给定参数集 E 上的模糊集 $A \in F(E)$，设其隶属度为

$$A = \frac{0.2}{e_1} + \frac{0.8}{e_2} + \frac{0.5}{e_3} + \frac{0.3}{e_4} + \frac{0.6}{e_5} + \frac{0.1}{e_6} + \frac{0.9}{e_7}。$$

由定义 6.3.3 知模糊集 A 关于$(U, E, \widetilde{F}^{-1})$ 的下、上近似由下面的公式计算：

$$\underline{F}(A)(h) = \bigwedge_{e \in E} [(1 - \widetilde{F}^{-1}(h)(e)) \vee A(e)], \qquad h \in U;$$

$$\overline{F}(A)(h)=\bigvee_{e\in E}[\widetilde{F}^{-1}(h)(e)\wedge A(e)],\qquad h\in U。$$

故　$\underline{F}(A)(h_1)=0.6$；$\overline{F}(A)(h_1)=0.5$；$\underline{F}(A)(h_2)=0.5$；

$\overline{F}(A)(h_2)=0.5$；$\underline{F}(A)(h_3)=0.5$；$\overline{F}(A)(h_3)=0.6$；

$\underline{F}(A)(h_4)=0.3$；$\overline{F}(A)(h_4)=0.4$；$\underline{F}(A)(h_5)=0.5$；

$\overline{F}(A)(h_5)=0.5$；$\underline{F}(A)(h_6)=0.6$；$\overline{F}(A)(h_6)=0.5$。

则可得 A 的软模糊下近似集和上近似集分别为

$$\underline{F}(A)=\frac{0.6}{h_1}+\frac{0.5}{h_2}+\frac{0.5}{h_3}+\frac{0.3}{h_4}+\frac{0.5}{h_5}+\frac{0.6}{h_6},$$

$$\overline{F}(A)=\frac{0.5}{h_1}+\frac{0.5}{h_2}+\frac{0.6}{h_3}+\frac{0.4}{h_4}+\frac{0.5}{h_5}+\frac{0.5}{h_6}。$$

因此，容易验证 $\underline{F}(A)\not\subset\overline{F}(A)$。此即注 6.3.1 中的结论。同理，也可以逐一验证前面给出的其他结论。

命题 6.3.1　设$(U, E, \widetilde{F}^{-1})$是软模糊近似空间。任 $A\in F(E)$，则下面等式成立：

$$\underline{F}(A)=(\overline{F}(A^C))^C;\ \overline{F}(A)=(\underline{F}(A^C))^C。$$

命题 6.3.1 的结论说明软模糊下、上近似算子彼此对偶。同时可以证明下面关于软模糊粗糙近似算子的性质成立。

定理 6.3.1　设$(U, E, \widetilde{F}^{-1})$是软模糊近似空间。任 $A, B\in F(E)$，则

(1) $\underline{F}(A\cap B)=\underline{F}(A)\cap\underline{F}(B)$；　$\overline{F}(A\cup B)=\overline{F}(A)\cup\overline{F}(B)$；

(2) $\underline{F}(A\cup B)\supseteq\underline{F}(A)\cup\underline{F}(B)$；　$\overline{F}(A\cap B)\subseteq\overline{F}(A)\cap\overline{F}(B)$；

(3) $A\subseteq B\rightarrow\underline{F}(A)\subseteq\underline{F}(B)$；　$\overline{F}(A)\subseteq\overline{F}(B)$。

证明　由定义直接验证即可。

事实上，定理 6.3.1 中的结论与经典模糊粗糙集的相应结论类似[141]。

命题 6.3.2 设$(U, E, \widetilde{F}^{-1})$是软模糊近似空间。若任意$h \in U$,存在$e \in E$,使得$\widetilde{F}^{-1}(h)(e) = 1$。即$\widetilde{F}^{-1}$是从论域$U$到参数集$E$上的一个串行的二元模糊关系。则软模糊粗糙近似算子 $\underline{F}$ 与 $\overline{F}$ 满足下面的性质:

(1) $\underline{F}(\varnothing) = \varnothing$, $\overline{F}(E) = U$;

(2) $\underline{F}(A) \subseteq \overline{F}(A)$, $\forall A \in F(E)$。

注 6.3.5 事实上,软模糊粗糙集可以看作是基于伪模糊映射(或者伪模糊二元关系 $\widetilde{F}^{-1}$)的双论域模糊粗糙集模型。对于软集理论而言,由于论域U与参数集E具有实际的意义且彼此完全独立,所以软模糊粗糙集不可能退化为单个论域上基于伪模糊映射或者伪模糊二元关系 $\widetilde{F}^{-1}$ 的模糊粗糙集模型。

同时,由于伪模糊二元关系 $\widetilde{F}^{-1}$ 不存在经典二元模糊关系的自反性、对称性和传递性,因此已有的经典模糊粗糙集模型和双论域模糊粗糙集的相关性质和结论对软模糊粗糙集模型并不一定成立。

6.4 基于软模糊粗糙集的应急预案评价模型与方法

本节以突发事件应急预案评价为研究对象,以软模糊粗糙集理论为工具,通过对应急预案评价问题的定量描述,结合软模糊粗糙集理论给出应急预案评价模型与方法的基本原理,并通过模拟数值算例验证模型和结论的有效性。

6.4.1 模型建立

设$U = \{h_1, h_2, \cdots, h_m\}$是某类突发事件预先制定的$m$个应急预案。参数集$E = \{e_1, e_2, \cdots, e_n\}$是关于应急预案各个不同方面定性语言描述的特征指标因素集。$\widetilde{F}^{-1} \in F(U \times E)$ 是从预案集 U 到特征参数集 E 的伪模糊二元映射。即$\widetilde{F}^{-1}(h_i)(e_j) \in [0, 1]$，$\forall h_i \in U$，$e_j \in E$ 表示应急预案 h_i 对于定性语言描述的特征指标 e_j 的定量化表示。亦即，预案 h_i 对特征指标 e_j 的模糊隶属度(一般而言，该隶属度值可以看成是一个收益型的数值，其数值越大表明某个特征越突出；反之亦然)。

因此，基于预先给定的某类突发事件 m 个应急预案，利用定义在预案集 U 到特征参数集 E 上的伪模糊二元映射可获得应对该类突发事件的最优目标预案 A^+ 和最差目标预案 A^- 分别如下：

$$A^+ = \sum \frac{\max \widetilde{F}(e_j)}{e_j}, \ \forall e_j \in E; \ A^+(e_j) = \max\{\widetilde{F}^{-1}(h_i)(e_j) \mid h_i \in U\}; \tag{6-1}$$

$$A^- = \sum \frac{\min \widetilde{F}(e_j)}{e_j}, \ \forall e_j \in E; \ A^-(e_j) = \min\{\widetilde{F}^{-1}(h_i)(e_j) \mid h_i \in U\}; \tag{6-2}$$

即最优目标预案 A^+ 和最差目标预案 A^- 是对论域 U 上伪模糊软集 $(\widetilde{F}^{-1}, E)$ 关于每个特征指标 $e_j(e_j \in E)$ 分别取最大和最小隶属度而生成。

这样，通过定义在预案集合 U 与特征因素集合 E 上的伪模糊二元映射 $\widetilde{F}^{-1}$，构建了应急预案评价的软模糊决策信息系统 $(U, E, \widetilde{F}^{-1})$。同时，利用 TOPSIS 原理获得了该类突发事件应急预案的最优目标预案 A^+ 和最差目标预案 A^-。

下面给出基于软模糊粗糙集的评价模型与方法的步骤。

首先，利用定义 6.3.3 给出的公式分别计算最优目标预案 A^+ 和最差目标预案 A^- 关于软模糊决策信息系统 $(U, E, \widetilde{F}^{-1})$ 的下近似集 $\underline{F}(A^+)$ 和 $\underline{F}(A^-)$，上近似集 $\overline{F}(A^+)$ 和 $\overline{F}(A^-)$。

其次，利用下面的得分函数分别计算第 i 个应急预案 h_i 关于最优目标

预案 A^{+} 和最差目标预案 A^{-} 的得分值。

$$\sigma_i(A^{+}) = \underline{F}(A^{+})(h_i) + \overline{F}(A^{+})(h_i),\quad h_i \in U; \tag{6-3}$$

$$\sigma_i(A^{-}) = \underline{F}(A^{-})(h_i) + \overline{F}(A^{-})(h_i),\quad h_i \in U。 \tag{6-4}$$

定义 6.4.1 设$(U, E, \widetilde{F}^{-1})$是突发事件应急预案评估的软模糊决策信息系统。称参数集 E 上的模糊集 A^{+} 和 A^{-} 分别是预案集合 U 中全体预案的最优目标预案和最差目标预案。则称

$$\sigma_i = \sigma_i(A^{+}) - \sigma_i(A^{-}),$$

为第 i 个应急预案 h_i 关于软模糊近似空间$(U, E, \widetilde{F}^{-1})$的软贴近度。

由定理 6.3.1 知，对任意模糊集 $A, B \in F(E)$，若满足 $A \subseteq B$，则 $\underline{F}(A) \subseteq \underline{F}(B)$ 且 $\overline{F}(A) \subseteq \overline{F}(B)$. 显然，由上面关于最优和最差目标预案的定义知 $A^{-} \subseteq A^{+}$ 成立。所以，$\sigma_i(A^{+}) \geqslant \sigma_i(A^{-})$ 对所有的应急预案 $h_i \in U$ 都成立。亦即软贴近度满足 $\sigma_i \geqslant 0$. 因此，上面定义的软贴近度是合理的。

第三，计算每个应急预案 h_i 关于最优目标预案 A^{+} 和最差目标预案 A^{-} 的软贴近度。

$$\sigma_i = \sigma_i(A^{+}) - \sigma_i(A^{-})。 \tag{6-5}$$

最后，基于软贴近度 σ_i 的数值大小，给出全体应急预案综合评价的结果。

根据综合评价排序，由决策者根据突发事件实时情景特征选择与之对应的应急预案付诸实施。

6.4.2 模型算法

输 入 应急预案评价软模糊决策信息系统 $(U, E, \widetilde{F}^{-1})$。

输 出 应急预案综合评价优劣排序。

第 1 步　计算全体应急预案的最优目标预案 A^{+} 和最差目标预案 A^{-}。

第 2 步　计算最优目标预案 A^{+} 和最差目标预案 A^{-} 分别关于软模糊决策信息系统 $(U, E, \widetilde{F}^{-1})$ 的上、下近似。

第 3 步　计算每个应急预案关于最优目标预案 A^{+} 和最差目标预案 A^{-} 的得分值 $\sigma_i(A^{+})$ 和 $\sigma_i(A^{-})$。

第 4 步　计算每个预案的软贴近度 $\sigma_i(i = 1, 2, \cdots, m)$。

第 5 步　根据软贴近度 σ_i 的数值给出预案综合评价的优劣排序。

6.4.3　应用算例

设 $U = \{h_1, h_2, \cdots, h_6\}$ 是某类突发事件如地震、恐怖袭击等预先制定的 6 个不同的应急预案集。关于应急预案的定性特征指标参数集 $E =$ {完整性(e_1)，可行性(e_2)，响应的速度(e_3)，费用预算(e_4)，预案的可调整性(e_5)，处置的有效性(e_6)，技术装备水平(e_7)} 是选取的 7 个方面的特征评价指标。则定义在论域 U 与 E 上的伪模糊二元映射 $\widetilde{F}^{-1} \in F(U \times E)$ 给出了每个应急预案关于不同特征指标相关度的定量数值指标(即模糊隶属度)。亦即数值 $\widetilde{F}^{-1}(h_i)(e_j) \in [0, 1]$ 刻画了应急预案 $h_i \in U$ 关于特征指标 $e_j \in E$ 的隶属度。此处的指标值看作效益型的指标(成本型指标统一转化为效益型指标)，即其数值越大表示相应的指标所刻画的特征越好或者该特征指标越显著；反之亦然。例如，对于特征指标 e_2，如 $\widetilde{F}^{-1}(h_2)(e_2) = 0.6$ 及 $\widetilde{F}^{-1}(h_3)(e_2) = 0.8$ 则说明方案 h_3 比 h_2 具有更好的可操作性，其他取值亦可类似地给予相应的语义解释。

表 6－3 给出了预先制定的 6 个应急预案关于 7 个评价指标特征的数值度量值(为计算简便，此处继续采用例 6.3.2 中的数据)，即软模糊决策信息系统 $(U, E, \widetilde{F}^{-1})$。

根据表 6－3 中的数值，利用公式(6－1)与式(6－2)可计算得最优目标预案 A^{+} 和最差目标预案 A^{-} 的隶属函数分别如下：

表 6-3 软模糊决策信息系统 $(U, E, \widetilde{F}^{-1})$

$U \backslash E$	e_1	e_2	e_3	e_4	e_5	e_6	e_7
h_1	0.3	0.1	0.4	0.4	0.1	0.1	0.5
h_2	0.3	0.3	0.5	0.1	0.3	0.1	0.5
h_3	0.4	0.3	0.5	0.1	0.3	0.1	0.6
h_4	0.7	0.4	0.2	0.1	0.2	0.1	0.3
h_5	0.2	0.5	0.2	0.3	0.5	0.5	0.4
h_6	0.3	0.5	0.2	0.2	0.2	0.3	0.3

$$A^{+}=\frac{0.7}{e_1}+\frac{0.5}{e_2}+\frac{0.5}{e_3}+\frac{0.4}{e_4}+\frac{0.5}{e_5}+\frac{0.5}{e_6}+\frac{0.6}{e_7};$$

$$A^{-}=\frac{0.2}{e_1}+\frac{0.1}{e_2}+\frac{0.2}{e_3}+\frac{0.1}{e_4}+\frac{0.1}{e_5}+\frac{0.1}{e_6}+\frac{0.3}{e_7}。$$

依据 6.4.1 节中给出的应急预案评价模型步骤并结合公式(6-3)、式(6-4)与式(6-5),分别计算目标预案的上、下近似集,得分函数和软贴进度。其对应的数值计算结果统一列于表 6-4。

表 6-4 应急预案软模糊粗糙集评价模型

U	h_1	h_2	h_3	h_4	h_5	h_6
$\overline{F}(A^{+})$	0.6	0.5	0.6	0.7	0.5	0.5
$\underline{F}(A^{+})$	0.6	0.5	0.5	0.6	0.5	0.5
$\sigma_i(A^{+})$	1.2	1.0	1.1	1.3	1.0	1.0
$\overline{F}(A^{-})$	0.3	0.3	0.3	0.3	0.3	0.3
$\underline{F}(A^{-})$	0.5	0.5	0.4	0.3	0.5	0.5
$\sigma_i(A^{-})$	0.8	0.8	0.7	0.6	0.8	0.8
σ_i	0.4	0.2	0.4	0.7	0.2	0.2

由表 6-4 中软贴近度 σ_i 的数值可获得事先给出的 6 个应急预案综合评价排序结果为

$$h_4 > h_1 = h_3 > h_2 = h_5 = h_6。$$

根据上面的综合排序结果，可获得事先制定的 6 个应急预案综合评价的如下结论：

事先制定的全体应急预案分成了 3 个不同的层次，其中应急预案 h_4 最好；应急预案 h_1 与 h_3 次之且两者之间从总体的评价结果来比较无明显优劣之分；最后是应急预案 h_2，h_5 与 h_6，这 3 个应急预案从综合评价结果来说彼此之间亦无明显优劣区分。

这样，利用基于软模糊粗糙集的应急预案评价模型与方法给出了该类突发事件 6 个应急预案的综合评价结论。对决策者而言，依据所有应急预案综合评价结果并结合实际决策中进一步所掌握的有关突发事件的实时信息进行科学的决策，选择最适合的应急预案付诸实施。

6.5　本 章 小 结

突发事件的应急预案综合评价有助于在突发事件发生的“事前”改进和完善预案，使得突发事件发生后的“事中”应急处置决策科学、有效以及突发事件处置结束的“事后”评估与恢复工作有条不紊地进行。因此，突发事件应急预案的评估工作关系到整个应急处置的全过程，是应急管理中诸多关键问题之一。

本章的工作主要包括 3 个方面：

首先，把软集理论与经典粗糙集理论相结合，建立了一种新的数学结构：软模糊粗糙集。通过构造性的方法系统地研究了软模糊粗糙集的数学性质以及与其他粗糙集的关系。初步建立了软模糊粗糙集基本理论。

其次，根据已有应急预案评价相关研究基础，应用软集理论对突发事件应急预案评价问题给出了定量化的描述，进而利用本章提出的软模糊粗糙集理论给出了一种新的应急预案评价模型与方法。其主要思想是：在定量化描述的基础上构建应急预案评价的软模糊决策信息系统$(U, E, \widetilde{F}^{-1})$，通过计算全体应急预案的最优目标预案和最差目标预案分别关于$(U, E, \widetilde{F}^{-1})$的上、下近似而获得综合评价的优劣结果。

本章给出的评价模型只需要确定所有待评估应急预案关于全体特征指标的模糊隶属度$(\widetilde{F}^{-1}(h_i)(e_j)$，$h_i \in U$，$e_j \in E)$，以此为基础利用软模糊粗糙集的基本理论与方法获得综合评价结论。相对于已有的综合评价方法如模糊综合评判、层次分析法而言，基于软模糊粗糙集的应急预案评价方法避免了由于指标过多而可能导致指标权重不一致等问题。因此，本章给出的应急预案综合评价的模型较少地依赖于决策者的个人主观偏好，能够获得较为客观的结论。

最后，应用一个突发事件应急预案评价的模拟数值算例说明了本章给出的应急预案评价模型和方法应用过程及步骤。数值算例的结果验证了所构建模型的有效性和可行性。

第7章 结论与展望

本章将给出全书的研究总结、主要创新点，并指出研究的局限性以及未来进一步研究的方向。

7.1 研究总结

应急管理作为一个由近年来频繁发生的非常规突发事件催生的崭新学术研究领域，其研究领域涉及人类社会的各个方面，研究内容复杂、研究工具多样，是一个跨学科的复杂学术研究前沿。其研究成果一方面成功地解决了应急管理中不同领域内的具体问题；另一方面也为其他相关学科的研究提供新的思路和方法。正是由于应急管理研究的内容复杂多样，多学科交叉与融合等特点，因此对应急管理中的任何问题进行深入的研究不论在理论还是在应用方面都具有重要的意义和价值。

本书全面分析了突发事件的基本特征、应急决策的特点、近年来国内外关于突发事件应急决策的主要研究问题以及研究现状。总结得出如下结论：突发事件的应急决策是在高度时间压力、人力和物质资源有限、决策信息不完备以及突发事件发生原因和发展趋势复杂多变条件下的非程序化实时不确定性决策。尽管对突发事件应急决策尚没有统一的不确定决策理论与方法，也有学者应用已有的不确定性数学理论做了许多研究和探讨并获得了初步的研究成果。本书在分析已有关于突发事件应急决策的不确定决策理论与方法优点与不足的基础上，把双论域粗糙集理论应用于突发事件应急决策问题，进行了一些基础性和创新性的研究。归纳起来本书主要做了以下工作。

首先，基于经典 Pawlak 粗糙集理论，研究了双论域上粗糙集的基础理论。主要包括基于模糊相容关系的双论域模糊粗糙集、双论域概率粗糙集以及 Bayesian 风险决策理论、双论域直觉模糊粗糙集以及软模糊粗糙集等。讨论了所定义的各种双论域粗糙集的数学结构和性质，为建立基于双论域粗糙集的不确定决策模型与方法确立了理论基础。这些内容是本书关于突发事件应急决策理论与方法研究的数学基础和理论体系部分。

其次，针对突发事件应急决策中具有不完备、模糊性决策信息的不确定性决策的基本特征，提炼了突发事件应急管理中 4 类主要的不确定性决策问题：应急物资需求预测、突发事件应急实时决策、应急物资实时调度配置和应急预案评价与选择。结合现实应急管理实践中的实际背景，在双论域框架下结合不同的粗糙集理论分别给出了与之对应的 4 类不确定性应急决策问题特征和决策要素的定量化描述与知识表示，为应用双论域粗糙集理论构建不确定实时应急决策模型与方法确立了管理对象和研究背景。在此基础上，针对双论域上不同的粗糙集模型，给出了基于双论域粗糙集的不确定决策的一般性原理和方法。这部分内容是本书关于突发事件应急决策模型与方法研究的理论和基本原理。

最后，把本书详细讨论的各种双论域粗糙集分别应用于突发事件中不确定实时应急决策的具体问题中，建立了不同应急决策问题的双论域粗糙集模型与方法。同时，利用现实应急管理中的模拟数值算例，逐一给出了每一种决策模型与方法的应用过程，并通过数值计算结果验证了理论模型的结论及其有效性。这部分是本书关于突发事件不确定实时应急决策研究的应用。

7.2 主要创新点

本书的研究侧重在理论研究的基础上给出理论模型在实际管理问题中的应用,研究内容可分为理论和应用研究两部分。主要创新点有以下几个方面。

(1) 经典 Pawlak 粗糙集理论的论域推广研究

自从 Pawlak 提出粗糙集理论以来,经典粗糙集的理论与应用研究引起了许多学科领域学者们的兴趣和关注,依据不同研究背景的需要,学者们对经典 Pawlak 粗糙集的基础模型从多个层面给予了推广研究,并且在研究的广度和深度方面都取得了比较好的成果。双论域粗糙集作为经典粗糙集面向论域推广的另一个新的研究方向,其概念最早是由加拿大学者 Y. Y. Yao 在经典粗糙集理论基本模型基础上于 1990 年提出。同时,Yao 对双论域粗糙集的一些基本问题进行了初步的研究。然而,在随后的一段时间内双论域粗糙集并没有得到相关领域内学者们的足够关注和系统的研究,相关的研究成果也不多。近年来,双论域粗糙集的研究逐渐受到越来越多学者们的关注。本书在双论域粗糙集的框架下,系统地研究了几个主要的双论域粗糙集理论,完善了双论域粗糙集的基础理论体系,推动了双论域粗糙集理论的研究。

(2) 系统的双论域粗糙集理论研究

依据双论域粗糙集的基本概念,本书先后研究了双论域模糊粗糙集、双论域概率粗糙集、Bayesian 决策理论以及双论域直觉模糊集,通过构造性的方法给出了其基本模型的定义并详细地研究了其数学结构及性质。

同时,给出了上述双论域粗糙集模型各种形式的推广模型。此外,本书提出的软模糊粗糙集也可以纳入双论域粗糙集理论的范畴。通过把软集理论与经典 Pawlak 粗糙集理论相结合,通过定义在参数集与对象集之间的一个伪模糊映射给出了软模糊粗糙集的概念。因此,软模糊粗糙集仍然属于双论域上的粗糙集模型。所以,在双论域的框架下本书系统地研究了 5 种类型的粗糙集理论。

(3) 应急管理中不确定实时决策的双论域粗糙集模型与方法研究

本书以双论域粗糙集理论为工具,以应急管理中不确定性决策问题为研究对象,在系统的双论域粗糙集基础理论研究的同时将其应用于突发事件实时应急决策问题,给应急管理中的不确定性实时决策提供了一种新的方法和研究思路。因此,本书的研究可以看做是基于双论域粗糙集的不确定应急决策理论与方法的初步探索和尝试。

7.3 研究展望

尽管本书在双论域粗糙集基础理论的研究和基于双论域粗糙集的突发事件实时不确定性应急决策模型与方法的研究这两个方面取得了一些研究成果,但是本书仍然还有许多不足之处,尚需要在未来的研究中进一步探讨和完善。为此,本书给出几个今后可能继续研究的方向。

① 正如前面所述,尽管双论域粗糙集理论及其应用的研究近年受到了诸多学者的关注,本书虽然进行了一些系统的研究,但研究内容和成果仍然不够系统和全面。与经典 Pawlak 粗糙集一样,许多重要的基础性内容如双论域决策信息系统的属性约简、知识发现、决策规则提取以及双论域上其他类型粗糙集理论等都有待进一步的研究。

此外,与经典单个论域上粗糙集理论的研究具有构造性和公理化[137,141,172]两种截然不同的研究思路一样，双论域上的粗糙集理论研究也具有类似的研究模式。本书关于双论域粗糙集的研究全部基于构造性的思路。因此，双论域粗糙集的公理化研究也是未来进一步研究的内容之一。

② 双论域粗糙集的思想方法和处理不确定问题的手段与技巧为研究不确定性对象的定量描述与表达、程序化的计算与分析等都提供了崭新的视角。本书把双论域粗糙集理论应用于突发事件应急决策问题，给出了突发事件应急决策研究方法一种新的尝试。

众所周知，任何决策过程中决策者主观因素始终不可忽略。本书建立的各种应急决策模型也不例外，如第5章最优应急预案选择模型中风险损失函数值的确定主要依赖于决策者对突发事件实时情景的分析和判断并结合决策者的风险偏好而给出；第2章实时应急决策模型中决策置信水平参数的选择也是由决策者根据突发事件的具体特征对所获取的实时信息可靠性给出的一种主观判断。因此，如何给出尽可能少依赖于主观经验、个人偏好和直觉判断的最优决策方法等将是未来继续深入研究的内容之一。

③ 本书的侧重点在于突发事件应急决策理论与模型的数学基础研究，给出的决策模型与方法都通过模拟的数值算例进行验证。而对于现实中具体应急决策问题的实际应用研究尚未展开讨论，这方面工作有待进一步地深入探索。

参考文献

[1] 杜维民. 应急决策论[M]. 北京：中共中央党校出版社，2007.

[2] 牛文元. 社会物理学与中国社会稳定预警系统[J]. 中国科学院院刊，2001，16(1)：15-20.

[3] 游志斌. 当代国际救灾体系比较研究[D]. 北京：中共中央党校，2006.

[4] 王静爱，史培军，王平，等. 中国自然灾害时空格局[M]. 北京：科学出版社，2006.

[5] 曹杰，杨晓光，汪寿阳. 突发公共事件应急管理研究中的重要科学问题[J]. 公共管理学报，2007，4(3)：84-93.

[6] 宋英华. 突发事件应急管理导论[M]. 北京：中国经济出版社，2009.

[7] 唐伟勤. 大规模突发事件应急物资调度基本模型研究[D]. 武汉：华中科技大学，2009.

[8] 范维澄. 国家突发公共事件应急管理中科学问题的思考和建议[J]. 中国科学基金，2007，21(2)：71-76.

[9] Simon H. 管理行为[M]. 北京：北京经济学院出版社，1988.

[10] 岳超源. 决策理论与方法[M]. 北京：科学出版社，2003.

[11] 周超，张毅. 论转型期我国城市突发事件应急决策系统之构建[J]. 重庆城市管理职业学院学报，2006(23)：34-37.

[12] 薛澜. 危机管理(转型期中国面临的挑战)[M]. 北京：清华大学出版社，2005.

[13] Mendocna D. Decision support for improvisation in response to extreme events: Learning from the response to the 2001 world trade center attack[J]. Decision Support Systems, 2011, 12(2): 6 - 11.

[14] Walle B V, Turoff M. Decision support for emergency situations [J]. Information System and e-Bussiness Management, 2008, 6(3): 295 - 316.

[15] 李明磊,王红卫,祁超. 非常规突发事件应急决策研究[J]. 中国安全科学学报,2012,22(3): 158 - 163.

[16] 丹尼尔·雷恩. 管理思想的演进[M]. 孔令济,译. 北京: 中国社会科学出版社,2000.

[17] 罗伯特·希斯. 危机管理[M]. 王成,等译. 北京: 中信出版社,2001.

[18] 吴建荣,刘军. 浅谈防疫机构对突发事件的应急决策和处理[J]. 解放军预防医学杂志,1995(4): 301 - 302.

[19] 罗艳. 面向突发危机事件的应急决策问题及决策模式研究[D]. 上海: 上海交通大学,2008.

[20] Akella M R, Batta R, Delmelle E A. Base station location and channel allocation in a cellular network with emergency coverage requirements [J]. European Journal of Operational Research, 2005, 164(2): 301 - 323.

[21] Adenso D B, Rodriguezf. A simple search heuristic for the MCLP: Application to the location of the ambulance bases in a rural region[J]. Omega, 1997(25): 181 - 187.

[22] Cosgrave J. Decision in emergencies[J]. Disaster Prevention and Management, 1996, 5(4): 28 - 35.

[23] 余廉,吴国斌. 突发事件演化与应急决策研究[J]. 交通企业管理,2005,20(12): 4 - 5.

[24] Jenkins I. Selecting scenarios for environmental disaster planning[J]. European Journal of Operational Research, 2000, 121(2): 275 - 286.

[25] Dyer D, Cross S, Knoblock A. Planning with templates[J]. IEEE Intelligent Systems, 2005, 20(2): 13 - 15.

[26] Nau D, Au T, Hghami O. Application of SHOP and SHOP2[J]. IEEE Intelligent Systems, 2005, 20(2): 34 - 41.

[27] Mulvehill A M. Authoring templates with tucker[J]. IEEE Intelligent systems, 2005, 20(2): 42 - 45.

[28] Sherall H D, Subramanian S. Opportunity cost-based models for traffic incident response problem[J]. Journal of Transportation Engineering, 1999, 125(3): 176 - 185.

[29] Barosoglu G, Arda Y. A two-stage stochastic programming framework for transportation planning in disaster response[J]. Journal of Operational Research Society, 2004(55): 43 - 53.

[30] Hussain W, Ishak W, Ku-Mahamud K R. Conceptual model of intelligent decision support system based on naturalistic decision theory for reservoir operation during emergency situation[J]. International Journal of Civil & Environment Engineering, 2011, 11(2): 6 - 11.

[31] Hoogendoorn M, Jonker C M, Popova V. Formal modelling and comparing of disaster plans[C]. Proceedings of the 2nd International ISCRAM Conference, Brussels, Belgium, 2005: 97 - 107.

[32] Kozin F, Zhou H. System study of urban response and reconstruction due to catastrophic earthquakes[J]. Journal of Engineering Mechanics, 1999, 116(9): 1959 - 1972.

[33] Gadomski A M, Bologna S, Costanzo G D. Towards intelligent decision support systems for emergency managers: the IDA approach[J]. International Journal Risk Assessment and Management, 2001, 2(3): 224 - 242.

[34] 王庆全,荣莉莉,于凯.一种基于范畴论的应急决策概念建模方法[J].情报学报,2009,28(6): 929 - 938.

[35] 曾伟,周剑岚,王红卫.应急决策的理论与方法探讨[J].中国安全科学学报,2009,19(3): 172 - 176.

[36] Tufekci S, Wallace W A. The emerging area of emergency management and

engineering[J]. IEEE Transactions on Engineering Management, 1998, 45(2): 103 - 105.

[37] Mendonca D, Beroggi G E, Wallace W A. Evaluating support for improvisation in simulated emergency scenarios[C]. Proceeding of the 36th Annual Hawaii International Conference on System Sciences, Hawaii, USA: 2003.

[38] Mak H, Mallard A E, Bui T. Building Online Crisis Management Support Using Workflow Systems[J]. Decision Support Systems, 1999, 25(3): 209 - 224.

[39] Wemer K, Graber. Real time modelling as an emergency decision support system for accidental release of air pollutants[J]. Mathematics and Computer in Simulation, 2000(52): 413 - 426.

[40] Rosmuller N. Group decision making in infrastructure safety planning[J]. Safety Science, 2004(42): 325 - 349.

[41] 罗景峰,许开立.应急决策指挥方案优选的灰局势决策[J].应急救援,2010,19(2): 69 - 71.

[42] 李元佳,张春粦,宋滋澄.贝叶斯决策理论在核事故中晚期应急决策优化中的应用[J].暨南大学学报(自然科学版),2003,24(1): 1 - 6.

[43] 郑冬琴,张春粦,肖璋,等.核电站事故应急模糊层次决策模型及应用[J].核动力工程,2004,25(2): 168 - 171.

[44] 冯凯,徐惑胜,冯春装,等.小城镇突发公共事件应急决策系统的研究[J].灾害学,2005,20(2): 6 - 10.

[45] 胡平.国际冲突分析与危机管理研究[M].北京:军事译文出版社,1993.

[46] 许文惠,张成福.危机状态下的政府管理[M].北京:中国人民大学出版社,1998.

[47] Pauwels N, Bartel V D, Frank H, et al. The implications of irreversibility in emergency response decisions[J]. Theory and Decision, 2000, 49(1): 25 - 51.

[48] Hiroyuki T, Yamamoto K, Shinji T, et al. Modeling and analysis of decision making problem for mitigating natural disaster risks[J]. European Journal of Operational Research, 2000(122): 461 - 468.

[49] Mconnell A, Drennan L. Mission impossible planning and preparing for crisis [J]. Journal of Contingencies and Crisis Management, 2006, 14(2): 59-70.

[50] Rollon E, Isern D, Agostini A. Towards the distributed management of emergencies, forest fire case study [C]. The 1st IJCAI Workshop on Environment Decision Support Systems, 2003, 77-82.

[51] Malik G, Dana N, Paolo T. Automated planning: Theory and Practice[M]. Morgan Kaufmann: Elsevier, 2004.

[52] Werner K, Graber. Real time modeling as all emergency decision support system for accidental release of air pollutants [J]. Mathematics and Computer in Simulation, 2000(52): 413-426.

[53] Ikeda Y. Supporting multi-group emergency management with multimedia[J]. Safety Science, 1998(30): 223-234.

[54] Nils R. Group decision making in infrastructure safety planning[J]. Safety Science, 2004(42): 325-349.

[55] Revelle C S, Eiselt H A. Location analysis: A synthesis and survey [J]. European Journal of Operational Research, 2005, 165(1): 1-19.

[56] Daskin M S. A maximal expected set covering location model: Formulation, properties, and heuristic solution [J]. Transportation Science, 1983 (17): 48-69.

[57] Rahman S, David K S. Use of location-allocation models in health service development planning in developing nations[J]. European Journal of Operational Research, 2000, 123(3): 437-452.

[58] Serafini P. Dynamic programming and minimum risk paths[J]. European Journal of Operational Research, 2006(175): 224-237.

[59] Mahmoud A. Multiple objective (fuzzy) dynamic programming problems: a survey and some applications[J]. Applied Mathematics and Computation, 2004 (157): 861-888.

[60] Bishop R L, George L P, Geoffrey N B. Towards a methodology for evaluation

of fire protection systems in appalachia[J]. Socio-Economic Planning Sciences, 1971,5(2): 145 - 158.

[61] Akellaa M R, Chaewon B R, Beutnerc R, et al. Evaluating the reliability of automated collision notification systems[J]. Accident analysis & prevention, 2003, Vol. 35(3): 349 - 360.

[62] Richard C, Larson, Evelyn A, et al. Evaluating dispatching consequences of automatic vehicle location in emergency services[J]. Computers & Operations Research, 1978, 5(1): 11 - 30.

[63] Mamnoon J, Baveja A, Rajan B. The stochastic queue center problem[J]. Computers & Operations Research, 1999, 26(14): 1423 - 1436.

[64] Benveniste, Regina. Solving the combined zoning and location problem for several emergency units[J]. Journal of Operational Research Society, 1985, 36(5): 433 - 450.

[65] 刘春林. 应急管理中的紧急物资调度的模型与方法研究[D]. 南京: 东南大学,2000.

[66] 戴更新,达庆利. 多资源组合应急调度问题的研究[J]. 系统工程理论与实践, 2000(9): 52 - 55.

[67] 池宏,计雷,谌爱群. 由突发事件引发的“动态博弈网络技术”的探讨[J]. 项目管理技术,2003(1): 12 - 14.

[68] 董存,王文俊,杨鹏. 基于约束满足问题的应急决策[J]. 计算机工程,36(7): 276 - 278.

[69] 靖可,赵希男,王艳梅. 基于区间偏好信息的不确定性应急局部群决策模型[J]. 运筹与管理,2010,19(2): 97 - 103.

[70] 张云龙,刘茂,李剑峰. 模糊群体决策方法在应急决策中的应用[J]. 中国安全科学学报,2009,19(2): 33 - 37.

[71] 王海军,王婧,马士华,等. 模糊需求条件下应急物资调度的动态决策研究[J]. 工业工程与管理,2012,17(3): 16 - 22.

[72] 张凯,肖东生. 层次分析法在核事故应急决策中的应用[J]. 工业安全与环保,

2008,34(6)：40－42.

[73] 陈兴,王勇,吴凌云,等.多阶段多目标多部门应急决策模型[J].系统工程理论与实践,2010,30(11)：1977－1985.

[74] 徐志新,奚树人,曲静原.核事故应急决策的多属性效用分析方法[J].清华大学学报(自然科学版),2008,48(3)：445－448.

[75] 裘江南,王延章,董磊磊,等.基于贝叶斯网络的突发事件预测模型[J].系统管理学报,2011,20(1)：98－108.

[76] Pawlak Z. Rough sets[J]. International Journal of Computer and Information Sciences, 1982(11)：341－356.

[77] Pawlak Z, Skowron A. Rudiments of rough sets[J]. Information Sciences, 2007, 177(1)：3－27.

[78] Yao Y Y, Wong S K M, Lin T Y. A review of rough set models[J]. Rough Sets and Data Mining — Analysis for Imprecise Data, 1997, 47－75.

[79] Wong S K M, Wang L S, Yao Y Y. Interval structures: a framework for representing uncertain information[C]. Proc 8th Conf. Uncertainty Artificial Intelligent, 1993, 336－343.

[80] Wong S K M, Wang L S, Yao Y Y. On modeling uncertainty with interval structures[J]. Computing Intelligent, 1993(11)：406－426.

[81] Yao Y Y, Wong S K M, Wang L S. A non-numeric approach to uncertain reasoning[J]. International Journal of General Systems, 1995 (23)：343－359.

[82] Shafer G. Belief functions and possibility measures. //Bezdek J C. Analysis of Fuzzy Information(CRC Press, Boca Raton)[J], 1987(1)：51－84.

[83] 张文修,吴伟志.基于随机集的粗糙集模型(Ⅰ)[J].西安交通大学学报,2000,4(12)：75－79.

[84] 张文修,吴伟志.基于随机集的粗糙集模型(Ⅱ)[J].西安交通大学学报,2000,35(4)：425－429.

[85] Pei D W, Xu Z B. Rough set models on two universes[J]. International Journal of General Systems, 2004, 33(5)：569－581.

[86] Li T J. Rough approximation operators on two universes of discourse and their fuzzy extensions[J]. Fuzzy Sets and Systems, 2008(159): 3033 - 3050.

[87] Li T J, Zhang W X. Rough fuzzy approximation on two universes of discourse [J]. Information Sciences, 2008, 178(3): 892 - 906.

[88] Zhang H Y, Zhang W X, Wu W Z. On characterization of generalized interval-valued fuzzy rough sets on two universes of discourse[J]. International Journal of Approximate Reasoning, 2009, 51(1): 56 - 70.

[89] Yan R X, Zheng J G, Liu J L, et al. Research on the model of rough set over dual-universes[J]. Knowledge-Based Systems, 2010(23): 817 - 822.

[90] Liu G L. Rough set theory based on two universal sets and its applications[J]. Knowledge-Based Systems, 2010, 23(2): 110 - 115.

[91] Sun B Z, Ma W M. Fuzzy rough set model on two different universes and its application[J]. Applied Mathematical Modelling, 2011, 35(4): 1798 - 1809.

[92] Sun B Z, Ma W M. Erratum to fuzzy rough set model on two different universes and its application [J]. Applied Mathematical Modelling, 2012 (36): 4539 - 4541.

[93] Sun B Z, Ma W M, Liu Q. Theory for intuitionistic fuzzy rough set model of two universes[C]. Proceeding of International Conference on Machine Learning and Cybernetics, 2011(1): 10 - 13.

[94] Sun B Z, Ma W M, Liu Q. An approach to decision making based on intuitionistic fuzzy rough set over two universes [J]. Journal of Operational Research Society, 2013(64): 1079 - 1089.

[95] Ma W M, Sun B Z. Probabilistic rough set over two universes and rough entropy [J]. International Journal of Approximate Reasoning, 2012(53): 608 - 619.

[96] Ma W M, Sun B Z. On relationship between probabilistic rough set and Bayesian risk decision over two universes[J]. International Journal of General Systems, 2012, 41(3): 225 - 245.

[97] 孙秉珍,马卫民,赵海燕. 基于双论域决策粗糙集的应急决策模型与方法[C]. 第

十届中国不确定系统年会、第十四届中国青年信息与管理学者大会论文集，2012，7：27 - 31；35 - 43.

[98] Sun B Z, Ma W M, Zhao H Y, et al. Probabilistic fuzzy rough set model over two universes[J]. Lecture Notes in Computer Science: Rough Sets and Current Trends in Computing, 2012(7413): 83 - 93.

[99] Liu C H, Miao D Q, Zhang N. Graded rough set model based on two universes and its properties[J]. Knowledge-Based Systems, 2012(33): 65 - 72.

[100] Cui Y Q, Wang J M, Fang Y W. Function S-rough sets over-dual-universes and law identification[J]. Procedia Engineering, 2012(29): 386 - 392.

[101] Yang H L, Li S G, Wang S Y, et al. Bipolar fuzzy rough set model on two different universes and its application[J]. Knowledge-Based Systems, 2012(35): 94 - 101.

[102] Zadeh L A. Fuzzy sets[J]. Information and Control, 1965(8): 338 - 435.

[103] 张文修,吴伟志,梁吉业,等. 粗糙集理论与方法[M]. 北京：科学出版社,2001.

[104] Atanassov K. Intuitionistic fuzzy sets[J]. Fuzzy Sets and Systems, 1986, 20(1): 87 - 96.

[105] Atanassov K. Intuitionistic Fuzzy Sets: Theory and Applications[M]. Physica-Verlag: Heidelberg, 1999.

[106] Ziarko W. Variable precision rough set model[J]. Journal of Computer and System Sciences, 1993(46): 39 - 59.

[107] 严加安. 测度论讲义[M]. 北京：科学出版社,1998.

[108] Dubois D, Prade H. Rough fuzzy sets and fuzzy rough sets[J]. International Journal of General System, 1990, 17(2 - 3): 191 - 209.

[109] 张文修,梁怡,吴伟志. 信息系统与知识发现[M]. 北京：科学出版社,2003.

[110] Wu W Z, Mi J S, Zhang W X. Generalized fuzzy rough sets[J]. Information Science, 2003(151): 263 - 282.

[111] Wu W Z, Zhang W X. Constructive and axiomatic approaches of fuzzy approximation operators[J]. Information Science, 2004(159): 233 - 254.

[112] 傅志研，陈坚. 灾害应急物资需求预测模型研究[J]. 物流科技，2009(10)：11－13.

[113] 张英菊，闵庆飞，曲晓飞. 突发公共事件应急预案评价中的关键问题探讨[J]. 华中科技大学学报(社会科学版)，2008，22(6)：41－48.

[114] 祝凌曦，肖雪梅，李玮，等. 基于改进 DEA 法的铁路应急预案编制绩效评价方法研究[J]. 铁道学报，2011，13(4)：1－6.

[115] 张英，贾传亮，王建军. 基于模糊综合评价方法的突发事件应急预案评估[J]. 中国管理科学，2004，10(12)：153－156.

[116] 罗文婷，王艳辉，贾利民，等. 改进层次分析法在铁路应急预案评价中的应用研究[J]. 铁道学报，2008，30(6)：24－28.

[117] Pawlak Z. Rough Sets: Theoretical Aspects of Reasoning about Data[J]. Kluwer, Dordrecht, 1991.

[118] 申晓留，杨京京，郭瑞鹏. 基于预案的应急决策方法研究[J]. 电视技术工业工程版，2005(5)：348－352.

[119] 王金桃. 危机管理应急决策及其在城市防汛工作中的应用[D]. 上海：上海交通大学，1995.

[120] Pawlak Z, Skowron A. Rough membership functions. //Yager R R, Fedrizzi M, Kacprzyk J. Advances in the Dempster-Shafer Theory of Evidence[M]. John Wiley and Sons, New York, 1994, 251－271.

[121] Pawlak Z, Wong S K M, Ziarko W. Rough sets: probabilistic versus deterministic approach[J]. International Journal of Man-Machine Studies, 1988 (29): 81－95.

[122] Wong S K M, Ziarko W. Comparison of the probabilistic approximate classification and the fuzzy set model[J]. Fuzzy Sets and Systems, 1987(21): 357－362.

[123] Ziarko W. Probabilistic approach to rough sets[J]. International Journal of Approximate Reasoning, 2008, 49(2): 272－228.

[124] Yao Y Y, Wong S K M, Lingras P. A decision-theoretic rough set model. //

Ras Z W, Zemankova M, Emrich M L. Methodologies for Intelligent Systems. North-Holland, New York, 1990(5): 17 - 24.

[125] Yao Y Y, Wong S K M. A decision theoretic framework for approximating concepts [J]. International Journal of Man-machine Studies, 1992 (37): 793 - 809.

[126] Gong Z T, Sun B Z. Probability rough sets model between different universes and its applications. //International Conference on Machine Learning and Cybernetics[C], 2008, 561 - 565.

[127] Yao Y Y. Probabilistic rough set approximations[J]. International Journal of Approximate Reasoning, 2008(49): 255 - 271.

[128] Shannon C E. The mathematical theory of communication[J]. The Bell System Technical Journal, 1948, 12(3 - 4): 373 - 423.

[129] 梁吉业,李德玉. 信息系统中的不确定性与知识获取[M]. 北京: 科学出版社,2005.

[130] Yao Y Y. Probabilistic approaches to rough sets[J]. Expert Systems, 1992 (37): 793 - 809.

[131] Yao Y Y. Decision-theoretic rough set models[C]. Proceedings of the 2nd International Conference on Rough Sets and Knowledge Technology, 2007.

[132] Yao Y Y. Three-way decision: an interpretation of rules in rough set theory [C]. The 4th International Conference on Rough sets and Knowledge Technology, 2009.

[133] Yao Y Y. Three-way decision with probabilistic rough sets[J]. Information Sciences, 2010(180): 341 - 353.

[134] Yao Y Y. The superiority of three-way decision in probabilistic rough set models[J]. Information Sciences, 2008(181): 1080 - 1096.

[135] Duda R O, Hart P E. Pattern Classification and Scene Analysis[M]. New York: Wiley, 1973.

[136] Pawlak Z, Skowron A. Rough sets: some extensions[J]. Information Sciences,

2007(177)：28 - 40.

[137] Pawlak Z. Rough sets — theoretical aspects of reasoning about data[M]. Kluwer Academic Publishers. Dordrecht，1991.

[138] Quafafou M. α - RST：a Generalization of rough set theory[J]. Information Sciences，2000(124)：301 - 316.

[139] Tsumcto S. Automated extraction of medical expert system rules from clinical databases based on rough set theory[J]. Information Science，1998(112)：67 - 84.

[140] Dubois D，Prade H. Rough fuzzy sets and fuzzy rough sets. International Journal of General System[J]. 1990，17(2 - 3)：191 - 209.

[141] Wu W Z，Zhang W X. Constructive and axiomatic approaches of fuzzy approximation operators[J]. Information Sciences，2004(159)：233 - 254.

[142] Wu W Z，Zhang W X. Neighborhood operator systems and approximations[J]. Information Sciences，2002(144)：201 - 217.

[143] Mi J S，Zhang W X. Composition of general fuzzy approximation spaces[J]. Lecture Notes in Artificial Intelligence，2002(2275)：497 - 501.

[144] Gong Z T，Sun B Z，Chen D G. Rough set theory for the interval-valued fuzzy information systems[J]. Information Sciences，2008，178(8)：1968 - 1985.

[145] Sun B Z，Gong Z T，Chen D G. Fuzzy rough set theory for the interval-valued fuzzy information systems [J]. Information Sciences，2008，178 (13)：2794 - 2815.

[146] 刘春林，盛昭瀚，何建敏. 基于连续消耗应急系统的多出救点选择问题[J]. 管理工程学报，1999，13(3)：13 - 16.

[147] 刘春林，何建敏，施建军. 一类应急物资调度的优化模型研究[J]. 中国管理科学，2001，9(3)：29 - 36.

[148] 刘春林，施建军，李春雨. 模糊应急系统组合优化方案选择问题的研究[J]. 管理工程学报，2002，16(2)：25 - 28.

[149] 刘春林，何建敏，盛昭瀚. 应急系统调度问题的模糊规划方法[J]. 系统工程学报，1999，14(4)：351 - 356.

[150] 刘春林,何建敏,盛昭瀚.应急模糊网络系统最大满意度路径的选取[J].自动化学报,2000,26(5):609-615.

[151] 高淑萍,刘三阳.基于联系数的多资源应急系统调度问题系统[J].工程理论与实践,2003,23(6):113-115.

[152] 高淑萍,刘三阳.应急系统调度问题的最优决策[J].系统工程与电子技术,2003,25(10):1222-1224.

[153] 郭瑞鹏.物资调运时间为区间数的最短路问题研究[J].北京理工大学学报(社会科学版),2006(6):29-30.

[154] 计雷,池宏,陈安.突发事件应急管理[M].北京:高教出版社,2006:8-21.

[155] 刘北林,马婷.应急救灾物资紧急调度问题[J].哈尔滨商业大学学报(社会科学版),2007(3):3-5.

[156] 缪成,许维胜,吴启迪.应急救援物资运输模型的构建与求解[J].系统工程,2006,24(11):6-12.

[157] 于瑛英,池宏,祁明亮.应急管理中资源布局评估与调整的模型和算法[J].系统工程,2008,26(1):75-81.

[158] 孙颖,池宏,贾传亮.路政应急管理中资源布局的混合整数规划模型[J].运筹与管理,2006,15(5):108-111.

[159] 赵韩涛,王云鹏,王俊喜.高速公路应急车辆指挥调度优化模型[J].吉林大学学报(工学版),2006,36(3):336-339.

[160] 朱建明,韩继业,刘得刚.突发事件应急医疗物资调度中的车辆路径问题[C]//中国管理科学学术年会,2007, 711-715.

[161] 王苏生,王岩.基于公平优先原则的多受灾点应急资源配置算法[J].运筹与管理,2008,17(3):16-21.

[162] Wierman M. Measuring uncertainty in rough set theory[J]. International Journal of General Systems, 1999(28): 283-297.

[163] Beaubouef T, Petry F E, Arora G. Information-theoretic measures of uncertainty for rough sets and rough relational databases[J]. Information Sciences, 1998, 109(1-4): 185-195.

[164] Liang J Y, Shi Z Z. The information entropy, rough entropy and knowledge granulation in rough set theory [J]. International Journal of Uncertainty Fuzziness and Knowledge-Based Systems, 2004, 12(1): 37 - 46.

[165] Liang J Y, Wang J H, Qian Y H. A new measure of uncertainty based on knowledge granulation for rough sets[J]. Information Sciences, 2009, 179(4): 458 - 470.

[166] Sun B Z, Ma W M, Zhao H Y. A fuzzy rough set approach to emergency material demand prediction over two universes. Applied Mathematical Modelling, 2013(37): 7062 - 7070.

[167] Gerstenkorn T, Manko J. Correlation of interval-valued intuitionistic fuzzy sets. Fuzzy Sets and Systems, 1995, 74(2): 237 - 244.

[168] Haas L, Saiman. Hospital preparation for severe route respiratory syndrome using a multidiscipilnary task force[J]. American Journal of Reaction Control, 2004: 32 - 59.

[169] Molodtsov D. Soft set theory — First results[J]. Computers, mathematics with application, 1999, 37(4 - 5): 19 - 31.

[170] Maji P K, Biswas R, Roy A R. Soft sets theory[J]. Computers, mathematics with application, 2003, 45(4 - 5): 555 - 562.

[171] Maji P K, Biswas R, Roy A R. Fuzzy soft sets [J]. Journal of Fuzzy mathematic, 2001, 9(3): 589 - 602.

[172] Feng F, Liu X Y, Violeta L F, et al. Soft sets and soft rough sets[J]. Information Science, 2011(181): 1125 - 1137.

[173] Sun B Z, Ma W M. Soft fuzzy rough sets and its application in decision making [J]. Artificial Intelligence Review — An International Science and Engineering Journal, DOI: 10.1007/s10462 - 011 - 9298 - 7.

后 记

光阴荏苒，我已在黄浦江畔度过数个春秋！

岁月更迭，我往返于黄河之滨与黄浦江畔，只为人生有更出彩的明天！

本书付梓之际，首先向尊敬的导师马卫民教授表达我衷心的感谢。2010年，得先生赏识，我有幸进入百年学府同济大学攻读博士学位。先生前沿开阔的视野、严谨渊博的知识、宽仁大度的胸怀和正直善良的人格，以及科学求实的治学态度、新颖独到的学术观点、敏锐精确的研究视角和钻坚仰高的进取精神都使学生受益良多，更是学生今后工作和学习的榜样。3年来，在先生的指导下我从精确的抽象逻辑推理、严密的形式化数学推导的思维过程中走出来，进入到客观世界现实的具体管理问题中，用直观的、形象化的思维过程思考现实的管理问题以抽象其本质特征，获得数学上优美的定量化模型，进而在严格的逻辑推理和精确的数学演绎基础上获得可能的最优解决方案以指导实践；使我把纯粹的数学理论研究和实际管理问题应用研究这两个不同的思维过程自如结合；本书的反复修改到最后定稿正是这一研究思想的具体展现。

一个人的力量有限；振臂一呼，不能山鸣谷应；举目远眺，不能穷尽海阔天宽；凡事成功皆需众人拾柴！感谢3年来与我朝夕相处的同济经管10秋的博士同学们，在与他们的交流中不仅结下了深厚的友谊，而且给予我很多的启发与帮助。也感谢同济大厦 A 楼 1909 室的在读博士生郑文兵、朱晓曦、王苗苗、赵海燕、徐博、季晓东、陈香堂、岳雷、成争荣、林南南和在读硕士生吴桂兴、毛峰、朱值军、宫双江、国晓彤、孙家莲、孟幻、李彬、郑媛和张声娄等同学,感谢和他们在一起学习、生活的时光,不仅在本书写作过程中得到了他们许多的帮助,和他们的探讨与交流也使我获益匪浅。在此,祝愿他们学业进步、事业有成、家庭幸福、万事如意!

同时,衷心感谢兰州交通大学交通运输学院博士生导师、院长牛惠民教授对我攻读博士期间给予的支持与帮助,使我能够潜心科研、顺利毕业;衷心感谢华北电力大学(北京)数学系博士生导师陈德刚教授在本书写作中的耐心指导及工作中的无私帮助,陈教授甘为人梯的高尚情怀作者将永生铭记!衷心感谢我的硕士生导师、西北师范大学数学系博士生导师巩增泰教授一直以来的关心和帮助。

最后,特别感谢我的妻子刘晓霞女士、儿子孙一航及岳父母和父母亲,他们一直给予的无私帮助、鼓励和支持是我不断取得进步的物质基础和精神源泉!在我读博士的 3 年里,妻子独自承担了全部的家务和抚育儿子的任务,使我能够全身心地投入学习和研究工作中。本书顺利完成也凝聚着她的辛苦付出和贡献。

再次感谢所有给予我关心、帮助和支持的人们!

孙秉珍